KB232792

竹島紀事

죽도기사 3-3

권오엽 | 오오니시 토시테루 편역주

한국학술정보㈜

Hong-Tae. Kim

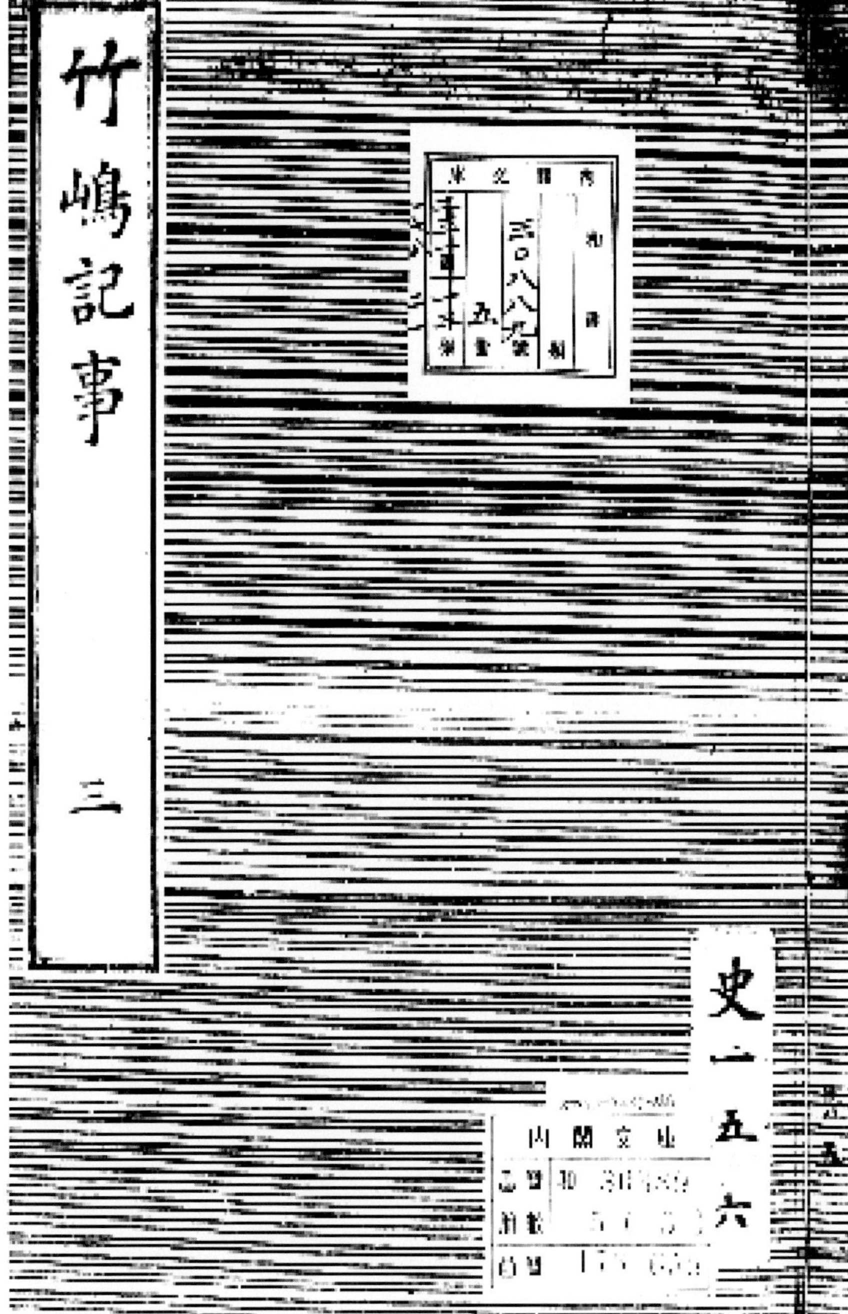

竹島記事

三

목차

(40—04) [태수의 서신]
소송하는 안히차쿠, 태만. 안용복의 공, 일조의 미래, 질서의
파괴. 쓰시마의 노력, 소송 내용, 외교독점, 독자행동의 금지,
쓰시마의 소외, 막각에 대한 외교, 후대의 엄금, 윤번승과 공
정성, 즉시 귀범, 전통적 외교, 쓰시마의 걱정
[소우 요시자네의 사고]
이국의 소송, 송환 방법, 쓰시마의 최종처리, 장군의 지도
[조선의 역관]
도해시기, 본국의 정보, 노중과 태수

일러두기

1. 본 『죽도기사』는 국립공문서관내각문고 화30889, 함호 178-659
   를 저본으로 했음.

1. 본서의 번각문은 죽도문제연구회의 『죽도문제관조사연구』를 참
   고로 하여 오오니시 토시테루와 권오엽이 확인 검토하여 일부는
   수정하였음.

1. 본서의 현대일본어역과 주는 오오니시 토시테루의 작업임.

1. 본서의 「죽도」가 「울릉도」를 의미할 경우는 「울릉도」를 병기하
   지 않는 것을 원칙으로 함. 또 본문 중의 「일한」이나 「한일」, 「일
   조」, 「조일」 등의 표현은 일본과 조선(한국)의 관계를 설명하기
   위한 표현일 뿐, 우선권을 인정하는 것은 아님.

1. 고문서와 번각문과 현대일본어를 병기하는 것은 이역이나 보다
   좋은 해석이 나올 수 있는 경우를 상정한 구성임.

1. 일본어 표기는 원음에 가까운 표기를 위하여 일반적으로 생략하는
   장음 「이·우·오」를 살려 「東京」은 「토우쿄우」로, 「大阪」은 「오
   오사카」로, 「京都」은 「쿄우토」로 표기하기로 한다.

1. 「か·き·く·け·こ」는 「카·키·쿠·케·코」로, 「た·ち·つ·て·と」는
   「타·치·쓰·테·토」로, 「しゃ·しゅ·しょ」는 「샤·슈·쇼」로, 「ちゃ·
   ちゅ·ちょ」는 「챠·츄·쵸」로 표기한다.

凡例

1. 本『竹嶋記事』は国立公文書館内閣文庫、和회30889、函号　178-659を底本にした。

1. 本書の飜刻文は竹島問題研究会の『竹島問題に関する調査研究』を参考にして大西俊輝と権五曄が確認検討して、一部は修正した。

1. 本書の現代日本語訳と註は大西俊輝が作業した。

1. 「竹島」が「欝陵島」をも意味する場合は「欝陵島」は併記しないことを原則とした。また本文中の「日韓」や「韓日」、「日朝」、「朝日」などの表現は両国の表記で、前後に優先権を置くことではない。

1. 古文書と翻刻文と現代日本語を併記することは異訳やより良い解釈が出てくる可能性を想定した構成である。

1. 日本語の韓国語表記は原音に近い表記を期待して一般的に省略する長音「い・う・お」を生かして「東京」は「토우쿄우」に、「大阪」は「오오사카」に、「京都」は「쿄우토」に表記することにした。

1. 「か・き・く・け・こ」は「카・키・쿠・케・코」に、「た・ち・つ・て・と」は「타・치・쓰・테・토」に、「しゃ・しゅ・しょ」は「샤・슈・쇼」に、「ちゃ・ちゅ・ちょ」は「챠・츄・쵸」に表記する。

격려사

뜨거운 남자 권오엽 씨

권오엽 씨는 뜨겁다. 참으로 뜨거운 남자다. 술을 마시면 "나 혼자서 독도를 지키겠다"라는 말을 잘 한다. 그때 나는 가벼운 웃음을 짓는 것이 보통이다. 그렇다고 해서 결코 비웃는 것은 아니다. 그저 너무나 열정적이라 똑바로 바라보지를 못하고 그저 웃으며 얼버무리고 마는 것이다. 이 정열은 무엇일까? 거기에서는 분노마저 느껴지기도 한다. 그 출발점은 애국심이 틀림없으나 그것만은 아니다.

한반도는 3면이 바다로 둘러싸여 중국만이 육지로 이어져 있다. 미래적으로는 미지수이지만 지금은 중간에 북한이 있기 때문에 문제가 없어, 육지로 이어지는 국경선이 있는 다른 나라처럼 영토문제는 복잡하지 않다. 그러나 일본은 육지로 이어지는 국경선이 없는 섬나라임에도 일찍부터 해양에 관심을 보여, 독도문제만이 아니라 러시아와의 북방영토, 중국 · 대만과의 첨각제도(센카쿠제도 尖閣諸島, 댜오위타이열서 釣魚台列嶼) 문제를 안고 있다. 일본으로서는 그 어느 것 하나 포기할 수 없는 문제일 것이다. 만일 하나라도 포기하면 그것은 다른 영토문제에 영향을 준다는 것은 분명하다. 이 때문에 무리라는 것을 알면서도 조직적인 국가사업으로 해서 독도를 분쟁지역화하기 위해 노력하고 있다. 이런 사이에 국제사법재판소에 위탁할 것을 한국 측에 제안하고 '죽도(독도)의 날'을 제정해서 교과서에 고유영토로 기재하여 서두르지 않으면서 착실히 독도의 분쟁지역화를 진행시

키고 있다.

유감스럽게도 그것에 충분히 대응하지 못한 것이 현재의 한국이다. 문제가 발생할 때마다 국민은 흥분하고 정부도 성명을 발표하며 대응책을 찾으나 그것뿐이다. 이 사이에 행한 것은 「독도는 우리 땅」이라는 노래를 만들었을 뿐 특별한 성과는 없다. 언론은 '독도는 태곳적부터 한국의 고유영토'라고 열을 올려 이야기하나 그것에 대한 이론적 설명이 없어 일본 측의 간단한 반격에 넘어지고 만다. 또 일반 국민은 노래를 부를 뿐이다. 여기에 권오엽 씨의 울분이 있었을 것이다.

영토문제를 논할 때 다음 세 가지가 문제이다. ① 현재 어느 쪽이 영유하고 있는가, ② 국제법적으로 어떠한가, ③ 역사적으로 어느 쪽에 속해 있었는가이다. 일반적으로는 ①, ②가 문제이고, ③은 그다지 문제시되지 않는다. 왜냐하면 현재의 영토문제는 구미 주도로 이루어져 왔기 때문이다. 유럽의 지도는 전쟁 때마다 변해왔다. 폴란드가 그 전형으로 국토 전체가 동서로 놓여 있었다. 미국은 힘으로 영토를 확대해왔다. 더욱이 민족을 무시한 선긋기로 식민지화된 아프리카제국은 독립된 후에도 분쟁이 그치지 않는다. 역사적으로 어느 쪽이 점령하고 있었는가는 문제가 아니다. 문제는 역사적 힘의 문제이다. 여기서 독도문제를 생각하면 우선 ①은 한국이 보유하고 있기 때문에 문제가 없다. 그리고 ②도 당연히 한국이라고 말하고 싶으나 국제적·정치적 힘을 가진 일본을 상대로 하면 결과는 방심할 수 없다. 그러나 독도문제는 ①, ②를 납득시키기 위해 ③이 커다란 쟁점이 되어 있다. 이것은 한일 모두가 힘이 아닌 이론으로 해결하려고 하기 때문이다. 일본보다 해군력이 훨씬 떨어지는 한국으로서는 고마운 일이다.

여기서 문제는 독도에 관한 역사적 자료인데 사람도 살지 않는 동해의 고도인 독도는 역사의 무대에 오른 일이 없었기 때문에, 그것에 관한 역사적 자료는 거의 없다. 그러나 찾으면 있기 마련이기 때문에 일본은 조직적으로 또는 자금을 아끼지 않고 적지 않은 자료를 모아 그것을 자국에 유리하게 해석하며 영토권을 주장하고 있다. 이것에 비해 한국 측은 거의 개인의 힘으로 자료를 찾아내고 있기 때문에 질·양 모두 일본을 능가하지 못하는 것이 현실이다. 또 문제는 한국자료는 한문이기 때문에 일본인도 간단히 읽을 수 있는 것에 비해 일본자료는 한국학자가 읽지 못한다는 것이다. 일본의 자료는 설령 한문으로 기록된 것이라 해도 순수한문이 아니라 일본의 특수한문이라 한문 지식만으로는 읽을 수 없다.

그래서 그런 자료를 읽을 수 있는 권오엽 씨는 일본 측의 해석을 재검토해가는 것으로, 그 기만에 놀람과 동시에 일본의 독도연구가들의 학문에 대한 왜곡에 분노를 느꼈다고 말한다. 또 그것을 파헤치지 못하고 있는 한국의 연구자들에게도 실망하고 분노까지 느낀다고 말한다. 권오엽 씨는 당시 개인적으로 새로운 자료를 찾아내는 일에 물리적인 한계를 느꼈으나 일본 측이 제시하는 자료를 재검토하는 것만으로도 한국의 독도에 대한 영유권을 충분히 주장할 수 있다고 확신했기에 "나 혼자서 독도를 지키겠다"는 뜨거운 말이 나온 것일 것이다.

'일본의 역사적 자료를 믿을 수 있는가'라고 생각할지도 모르겠으나, 현재 독도는 지리적으로 국토방위상 중요한 위치를 차지함과 동시에 경제적으로도 막대한 이익을 가져다주는 중요한 섬이다. 그러나 과거에는 동해의 고도에 불과해 그곳에 정치적·경제적 가치는 없다. 무리해서 정치적으로 기술할 필요가 없었기 마련이다. 즉 일본 측 자료로도 충분히 진실을 확인할 수 있다. 그리고 이것은 일본이 주장하는 근거를 붕괴시키는 가장 빠르고 확실한 방법이다. 이것은 일본을 연구하는 자만이 할 수 있는 일로 일본 연구의 사명이라고도 말할 수 있다. 독도문제는 일본학의 영역에 편입되어 일본인들의 독무대였던 일본의 역사적 자료에서 진실을 찾는다고 하는 새로운 국면을 개척한 권오엽 씨의 공적은 높이 평가되어야 한다. 진실을 추구하는 일은 학문의 근본이고 또 꽃이다. 여기에 학자로서의 권오엽 씨가 뜨겁게 타고 있는 것 같다.

여기서 오해해서는 곤란하다. 일본학을 연구한다고 해서, 그가 일본의 모든 역사적 자료를 읽을 수 있다고 말하는 것이 아니다. 권오엽 씨는 원래 『고사기』 등 고서를 읽고 박사논문은 동경대학에서 「광개토왕비문」을 테마로 해서 썼다. 그리고 어느 정도 성과를 올리고 있던 어느 날 돌연 "독도를 하겠다"라고 말한 것이다. 말하는 열기에서 진실이라는 것을 바로 알아차렸으나, 나는 "독도는 독도연구가에게 맡겨두면 된다"고 말하며 말렸다. 모르는 사람이 보면 탁구 라켓을 테니스 라켓으로 바꾸어 가지고 시합에 나가려는 것과 같은 일로 너무나도 무모한 이야기였다. 이때 그는 "그들에게 맡겨둘 수 없으니까 내가 하겠다는 것이다"라고, 성격이 완고하여 무언가를 한 번 정하면 끝까지 한다는 성격이긴 하지만 그때의 열정은 이상한 것이었다. 나도 그 이상은 말할 수 없었다. 이것에 대해 새삼스럽게 말할 필요도 없으나 단순한 애국심이 아니라 학문에 대한 '열정' 그리고 '분노'를 느낄 수 있었다.

새삼 독도라고 말해도, 그러나 그 후 권오엽 씨의 노력은 보통의 것이 아니다. 국내외의 서적을 훑는 것은 물론이고 내외의 연구자를 찾아 일본 각지를 찾아다니고 있다. 또 그 사이에 「독도 심포지엄」을 여러 차례 열고 당시의 일본자료를 읽기 위한 면학회를 반복하고 있었다. 이것은 참으로 어렵다. 휘갈겨 쓴 문자 등이 많아 문자해독 이전의 문제로, 기록된 문자를 읽을 수 없다. 그리고 현재 독도 제일인자라는 소리를 들으며 "그 집대성을 70세까지는 완수하겠다"고 말한다.

그럴지는 모르겠으나 권오엽 씨는 5년 이내에 독도시리즈 35권을 써내겠다고 말한다. 설마라고 생각할지도 모르겠으나. 그의 독도문제에 대한 풍부한 지식 그리고 그의 열정과 집중력을 생각하면 가능할 것이라고 말하기보다 아마도 그가 아니면 할 수 없을 것이다. 물론 혼자서 단기간에 써내기 때문에 그것에는 작은 오류나 간과하는 일이 있을지도 모르나 그의 학자로서의 양심을 생각하면 큰 흐름에 문제는 없을 것이라고 믿는다. 그 시리즈가 완간되었을 때, 이 35권이 후학의 지침이 되고, 35권을 중심으로 독도를 이야기할 수 있을 것이다.

"나 혼자서 독도를 지키겠다"고 말하는 권오엽 씨, 정말로 그럴 것 같다는 생각이 든다.

"혼자인 독도수비대 대장 힘내라."

그리고 그의 학자로서의 열정에 감사하고 싶다.

뜨겁다. 참으로 뜨거운 남자다.

2011년 7월 15일

円光大学校　朴正義

서문

죽도도해금지의 의미

막부는 일본인의 도해를 금하는 「죽도도해금지령」을 내리며 그 사실을 조선에 알릴 것을 쓰시마한(対馬藩)에 지시했다. 노중들이 열좌하는 자리에서 지시를 받은 쓰시마는 당황한 듯했다. 3년 전에 납치한 조선인을 송환하며 죽도의 영유권을 주장하고 있었기 때문이다.

3년 전에 일본은 납치한 어민을 송환하며 조선인의 죽도도해금지를 요구하자, 조선어민이 죽도에 들어갔는데도 송환시켜주고 '서찰까지 보내주시니, 그 친선의 우의에 감사합니다'라고 답했다. 그러나 죽도가 조선의 울릉도라는 사실은 조일 양국이 잘 아는 일이었으므로 감사하기보다는 납치를 자행한 일본의 범죄를 먼저 추궁해야 하는 일이었다.

일본은 임진왜란을 발발시켜 살육과 침탈을 자행하고도 사죄하지 않았다. 전 정권의 과로 돌리며 전리품 일부를 돌려주는 것이 전부였다.

조선은 문제의 회피를 우호의 방법으로 판단했을지 모르나 그것이 일본을 오판하게 하는 일로 일본의 또다른 침략을 조장하는 일이었다. 일본이 부당한 일을 자행할 때마다 단호하게 대처하며 그 부당함을 일깨워주어야 했다. 그렇지 못했기 때문에 일본은 매사를 무력으로 해결하려 했고, 조선은 그것을 수용하곤 했는데, 일본은 그런 행위

만을 성신으로 판단하는 것 같았다. 사실을 말하는 것은 성신을 어기는 일이고 분쟁의 원인을 제공하는 일로 여기고 있었다.

일본이 안겨준 상처는 현재도 민족의 아픔으로 남아 있다. 민족이 분단되어 적대시하는 현실도 그중의 하나이다. 그럼에도 우리는 일본과의 우의를 중시하며 동족의 불행을 기원한다. 2011년에도 일본은 약탈했던 기록물 몇 점을 반납하면서 양국의 우호를 위해 결단이라도 내린 듯한 태도를 취했다. 그에 대응하는 우리 관리는 공이라도 세운 듯 웃으며 미래를 약속하고 있었는데, 이런 자세가 또 다른 재앙을 잉태시킨다.

1905년의 일본은 낭인의 행패를 가장하여 우리의 황후를 살해했었다. 그 100주년을 기하여 그 낭인들의 후손이라는 자 한 둘이 황후의 묘소를 찾는 것을 보았다. 조상의 범죄를 참회한다는 형식이었으나, 그들의 얼굴에는 당당함이 흐르고 있었다. 퍽이나 양심적인 행동을 하고 있는 듯한 표정, 마치 자신들의 행위가 범죄 모두를 씻어낼 수 있다는 듯한 태도였다. 그 자리에 왕조의 후예라는 분이 미국에서 일시 귀국했다며 나타나서, 일본의 범죄를 용서할 수도 있다는 내용의 말을 했다. 그렇게 간단히 용서할 수 있는 일이었단 말인가. 그러한 가벼운 포용이 일본을 반성하지 못하게 만드는 일이고 또 다른 침략을 권장하는 일일 것이다.

막부는 일본인의 죽도도해를 금지시키며 조선의 사례를 요구했는데, 어찌 보면 맞는 이야기 같기도 하다. 약 3년에 걸친 영토분쟁을 일본이 양보하여 조선인의 도해금지를 요구했던 처음과 달리 일본인의 도해를 금한다는 결단을 내렸으니 감사를 표하는 것은 당연한 일로 볼 수도 있다.

그러나 그것은 조선의 영토를 조선의 영토라고 인정하는 것으로 처음부터 존재해서는 안 되는 문제였다. 그 분쟁은 오로지 일본의 오해와 탐욕을 원인으로 하는 일로, 그것으로 조선이 받은 상처는 심대했다. 따라서 조선이 감사하기보다는 일본이 사과해야 하는 일이었다.

쓰시마는 침략의 선봉에 서서 국토를 유린하는 일에 충실했고 전쟁이 끝나자 생계를 도모할 수 없다며 조선의 은혜를 구걸했었다. 그런 쓰시마가 납치한 일본 어민의 만행을 지적하지 않고 막부의 명을 빙자하여 울릉도를 침탈하려 했다. 막부가 그런 지시를 했다 해도 쓰시마는 만류해야 한다는 의견이 있었다. 그럼에도 쓰시마는 막부의 애매한 지시를 기화로 울릉도를 탈취하려 했다. 우리가 응징할 때 응징하지 못하고 은덕으로 수용해준 결과가 그러했다.

막부는 오해하여 조선인의 죽도·울릉도 도해금지를 요구하라는 지시를 내린 후에, 쓰시마만이 아니라 울릉도를 하사받았다며 70여 년을 도해했던 어민들이 속한 톳토리한(鳥取藩)에도 질문하여 역사 지리적 사실을 확인한 결과 '죽도·송도는 우리 것이 아닙니다'라는 내용의 답을 받았다. 현재의 울릉도와 독도가 일본의 속도가 아니라는 것이었다.

막부는 이런 사실에 근거해서 일본인의 도해를 금지시킨 것이다. 다시 말하자면 처음의 지령이 잘못되었다는 것을 알고, 그것과 정반대의 결론을 내리지 않을 수 없었다. 과오를 인정했다는 면에서는 훌륭한 일이었고 성신을 실천하는 일이었다. 그러나 쓰시마의 행동은 달랐다.

쓰시마는 죽도가 조선의 울릉도라는 사실을 알면서도 조선이 표류한 일본인을 송환하면서 보낸 문서의 내용을 트집 잡아, 역사적 소유는 인정하지만 임진란 이후의 소유는 인정할 수 없다는 주장을 했다. 죽도에서 어렵하다 표류한 자들을 송환하면서 영토를 침범한 죄를 논하지 않은 사실, 임진란 이후에 죽도를 점령한 사실을 알면서도 이의를 제기하지 않았다는 사실 등이 그 근거라며 영유의 정통성을 주장했다.

영토의 확인 없이 불법조업을 하다 표류한 어민의 구호를 우선하는 것이 영토에 대한 역사적 영유권을 방기한 일이라는 것이다. 표류한 범법자의 인권을 중시한 것이 불법을 묵인한 것이므로 영유의 정통성이 일본에 있다는 것이다. 그런 정통성을 인정하지 않으면 임진란과 같은 전란이 반복될 수 있다는 협박도 서슴지 않았다.

조선은 우유부단했던 처음과 달리 역사적 사실을 근거로 영유의 정통성을 단호히 주장했다. 그것으로 회담이 길어지자, 막부는 그동안 수집한 정보를 배경으로 양국민의 공동어렵을 제기하기도 했으나 쓰시마가 그것을 거부했다. 그러자 막부는 일본이 취한 일이 없는 섬이고 일본인이 거주하는 섬도 아니므로, 일본인이 가지 않으면 해결된다는 결론을 내리고, 그것을 조선에 알리게 했다.

그러자 쓰시마는 그 결정을 가을에나 알리겠다며 미리 소문나지 않게 해달라는 요구까지 했다. 자신들의 요구와 상반되는 결과를 알리는 일에 모순을 느낀 것이다. 그럼에도 쓰시마는 자신들이 막부를 설득한 것처럼 전달하며 조선의 사례를 요구했다.

그것도 모르는 동래부사는 쓰시마의 노력에 감사해야 한다는 건의를 했다. 일본의 정보를 수집해야 되는 동래부사의 정보력이란, 동해와 일본해를 병기하자고 제의했다가 일본에 거절당한 2011년 대한민국 외부부의 정보력, 그것과 같은 것이었다.

'죽도도해금지령'을 내린 장군은 칭송받을 만하다. 일본에 그런 장군이 존재했다는 것이 신기할 정도이나 그 전에 사실과 다른 지시로 그런 문제제기를 하지 말았어야 했다. 또 그런 결단을 내렸다면 조선에 감사를 요구하기보다는 오류를 범한 것에 대한 사과를 선행했어야 했다. 그래도 다행스러운 결단이었지만 후손들에게 존중되지 못하여 하나의 일화로 끝나버렸다.

이후에도 일본은 이익이 동반되는 성신만을 존중했다. 제국주의 일본은 조선의 식민지화에 찬동하는 일만을 성신으로 인정하고 그 진상을 말하는 세력은 무자비하게 탄압했다. 세계평화에 공헌하겠다는 선언을 반복하는 현재는 죽도도해금지령은 울릉도에만 해당할 뿐이지 독도는 포함되지 않았다는 해괴한 논리를 펴며 독도에 대한 정통성을 외치고 있다. 사실과 반하는 논리를 세계에 공표하는 용기까지 떨치며, 그것을 믿으라고 우리에게 강요한다.

놀랄 일도 아니다. 그보다는 우리가 선조들과 같은 태도를 취하고 있다는 것이 놀라운 일이다. 황후의 살해를 사과한다는 한마디에 과거를 용서하는 일이나 약탈품 하나를 반환 받는 것이 양국우호를 보장해준 것으로 착각하는 것이 현재의 우리들이다. 우리는 그런 식의 반환이나 사과에 감동하기보다는 그런 일이 재발되지 않도록 준비하고 행동해야 한다. 독도문제는 일본의 침략으로 현재 진행중인 영토전쟁이다. 그런 사실을 알고 일본 논리의 부정에 급급하기보다는 왜곡된 논리까지도 포용할 수 있는 논리를 개발해야 할 것이다.

일본에 대등한 능력을 확보하고 교류하는 것이 진정한 교류이다. 대등하지 못한 능력의 상황에서 우호를 요구하는 것은 구걸에 불과

하다. 문제의 원인과 과정을 숙지하고 상대의 의도가 무엇인가를 알
아야 우리 정통성의 수립이 가능하고 당당할 수도 있다.

2012년 2월 3일 우산봉 자락에서

동산 권오엽

〇丙子元祐九年四月廿八日

【大綱三八段（丙子元祿九年正月）】

【大綱三八段（丙子元祿九年正月）】

【대강 38단(병자 겐로쿠 9년 정월)】

(38-00)

〇　丙子元緑九年正月廿八日

天竜院公御登城御暇御拝領被遊候上於御白書院御老中御四人御列座ニ
而戸田山城守様竹嶋之儀ニ付御覚書一通御渡被成先年以来伯州米子之
町人両人竹嶋江罷越致漁候所朝鮮人も彼嶋江参致漁日本人入交り無益
之事ニ候間向後米子之町人渡海之儀被差留候与之御儀被仰渡也

(38-00)

〇　丙子元緑九年正月二十八日

天竜院公(宗義真)が御登城し[帰国のための]御暇[の許可]をいただい
た。その上で御白書院に於いて、御老中の御四人が御列座の中、戸
田山城守様から竹嶋の事に付いて[お達しがあり]覚書を一通[天竜院
公に]御渡しに成られた。[その覚書の内容とは]先年以来、伯州米子
の町人二人が竹嶋へ罷り越し、漁を致していた所、朝鮮人も彼の嶋
へ参り漁を致していた。日本人[と朝鮮人とが]入り交じっては[何か
と面倒が起こり]無益の事であるので、向後、米子の町人が渡海する
事は差し留めるというもので、そのような事が[この場において]仰せ
渡された。

(38-00)

　○ 병자 겐로쿠 9년 정월 28일

텐류우인(소우요시자네)가 등성하여 [귀국을 위해] 귀향[의 허가]를 받았다. 그리고 오시로쇼인에서 노중 4인이 열좌한 가운데 토다야마 시로노카미 사마가 죽도의 일에 대한 [연락이 있다며] 각서 1통을 [텐류우인공에게] 건네주셨다. [그 각서의 내용이란] 선년 이래 하쿠슈우 요나고의 정인 2인이 죽도에 건너가 어렵하는 곳에, 조선인도 그 섬에 건너와 어렵을 하고 있었다. 일본인[과 조선인이] 뒤섞이게 되면 [아무래도 사고가 일어나] 무익한 일이 되기 때문에 향후로는 요나고 정인이 도해하는 일은 금지한다는 것으로, 그러한 것이 [이 장소에서] 전달되었다.

(38-01)

〃是より前正月九日三沢吉左衛門方より直石衛門儀御用ニ付罷出候
　様ニ与之儀ニ付参上仕候処豊後守様御逢被成御直ニ被仰聞候者竹
　嶋之儀中間衆出羽守殿右京大夫殿江も遂内談候竹嶋元しかと不相
　知事ニ候伯耆より

(38-01)

〃是より前、正月九日のことである。三沢吉左衛門方から直右衛
　門へ、御用があるので罷り出る様にとの[連絡があった。] そこ
　で[早速]参上したところ、豊後守様が直接御逢いに成られ、お話
　し下さった事は、竹嶋の事であった。[幕閣の]御仲間衆や、出羽
　守殿や右京大夫殿へ、内々に御相談をした。竹嶋についての
　元々の経緯は、よく分からないという事であった。伯耆から

(38-01)

〃이보다 전인 정월 9일의 일이다. 미사와 요시자에몬이 나오에몬
　에게, 용무가 있으니 나오도록 하라는 [연락이 있었다.] 그래서
　[서둘러] 참상했더니 분고노카미 사마가 직접 만나셔서 은밀하
　게 상담을 했다. 죽도의 일이었다. [막각의] 여러 사람이나 데바
　노카미토노나 우쿄우노다이후토노와 은밀히 상담했다. 죽도에
　대한 원래의 경위는 잘 알지 못한다는 것이었다. 호우키에서

渡り漁いたし来る由ニ付松平伯耆守殿へ相尋候処因幡伯耆江附属与申ニ
而茂無之候米子町人両人先年之通り船相渡度之由願出候故其時之領
主松平新太郎殿より案内有之如已前渡海仕候様ニ新太郎殿江

渡り、漁を致して来たというので、松平伯耆守殿へ尋ねた処、因幡
伯耆に附属する島だと言うわけでは無かった。[その経緯というのは]
米子の町人二人が、先年の通りに[島に]船を渡したいと願い出るの
で、その時の領主であった松平新太郎殿から案内(取次)が有り[公儀
から御許可があり]以前の通りに渡海を行うよう、新太郎殿へ

건너가 어렵을 한 유래에 대해 마쓰타이라 호우키노카미에게 물었더
니, 이나바 호우키에 부속된 섬이라고 말하는 것이 아니었다. [그 경위
라는 것은] 요나고의 정인 두 사람이 선년과 마찬가지로 [섬에] 배를
보내겠다는 소원을 말했기 때문에, 그때의 영주였던 마쓰타이라 신타
로우의 주선으로 [장군의 허가를 내려] 이전과 마찬가지로 도해할 수
있도록 하라고, 신타로우토노에게

以奉書申遣候酒井雅楽頭殿土井大炊頭殿井上主計頭殿永井信濃守殿
連判ニ候故考見候得者大形　　台徳院様御代ニ而茂可有之哉与存候先年
与有之候得共其年数者不相知候右之首尾ニ而罷渡り漁仕来候迄ニ而朝
鮮之嶋を日本江取候与申ニ而も無之日本人居住不仕候道程之儀相尋候
得者伯耆より八百六拾里程有之朝鮮江者四十里程

奉書を以て申し遣したという事である。酒井雅楽頭殿、土井大炊
頭殿、井上主計頭殿、永井信濃守殿、殿の連判による許可であっ
た。それゆえ考えて見れば、大方の所、台徳院様(徳川秀忠)の御代
の事ではないだろうか。「先年の通りに」と、このように有るが、そ
れがいつの年の事なのかは分からない。右の首尾によって[島に]渡り
漁を行って来た迄の事で、朝鮮の島を日本へ取り込んでしまったと
言うような事ではない。また日本人が[島に]居住していたと言うわけ
ではない。その道のりの事について尋ねたところ、伯耆からは百六
拾里程の距離に有り、朝鮮へは四拾里程の

봉서로 말하여 보냈다고 하는 것이다. 사카이노우타노카미토노, 도이
오오이노카미토노, 이노우에카즈에노카미토노, 나가이시나노노카미
토노가 연판한 허가였다. 그래서 생각해보면, 대체적으로 타이토쿠인
사마 (토쿠가와 히데타다) 시대의 일이 아닐까. 「선년과 같이」라고 이
렇게 있으나 그것이 언제의 일인가는 알지 못한다. 위의 상황으로
[섬에] 건너가 어렵을 해온 것으로, 조선의 섬을 일본에 취해버렸다고
말할 수 있는 일은 아니다. 또 일본인이 [섬에] 거주하고 있었다고 말
할 수 있는 것도 아니다. 그 행로의 일에 대해서 물었더니 호우키에
서는 160리 정도의 거리에 있고 조선에는 40리 정도의

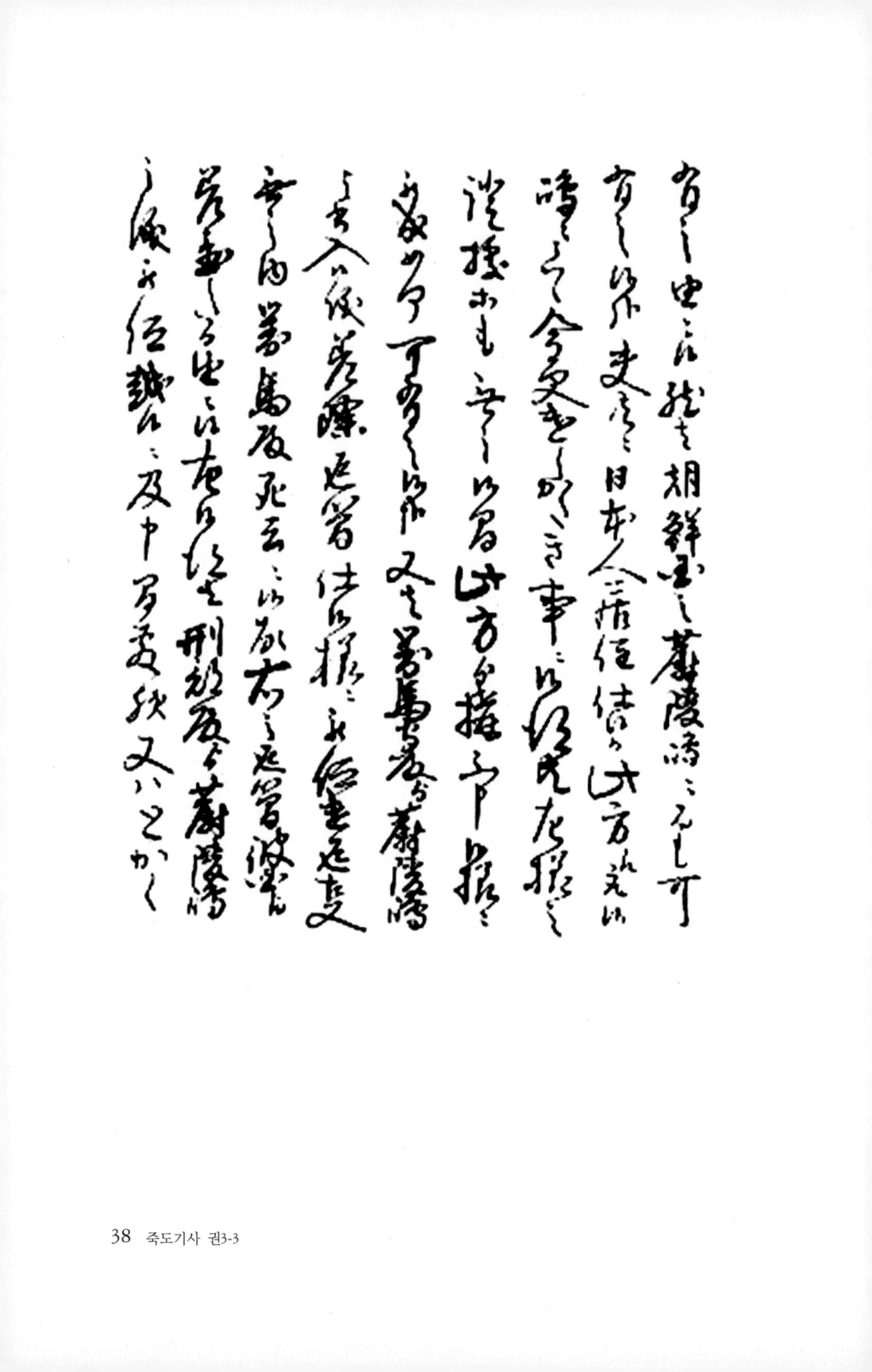

有之由゠候然者朝鮮国之蔚陵嶋゠而も可有之候哉夫共゠日本人居住仕候
か此方江取候嶋゠候ハ、今更遣しかたき事゠候得共左様之証拠等も無之
候間此方より構不申候様゠被成如何可有之候哉又者対馬守殿より蔚陵
嶋与書入候儀差除返簡仕候様゠被仰遣返事無之内対馬殿死去゠候故右
之返簡彼国江差置たる由゠候左候得者刑部殿より蔚陵嶋之儀被仰越候゠
及申間敷歟又ハとかく

距離で有ると言う。そうであるなら、朝鮮国の蔚陵嶋で有っても、
おかしくは無い。それとも日本人が居住しているか、こちらに取り
込んだ島であれば、今更[あちらに]遣す事も難しい事であるが、その
ような証拠等も無い。だから、こちらからは[もう島の事に触れず]構
わぬままにしておいては如何であろうか。あるいは[もうすでに、あ
ちらに対しては]対馬守殿から、蔚陵嶋の書き入れを差し除くよう、
そのような返翰を返すよう、申し入れを行ったという。だがその返
事が来ない内に、対馬守殿は死去なさった。それゆえ右の返翰は、
彼の国に[まだ]差し置いてあるという。そうであるなら、刑部殿[御
自身が返翰を受け取ったわけでは無い。すると、わざわざ]蔚陵嶋の
事を[また同様に、あちらへ]申し入れる必要は無い。[別の形の申し
入れがあるのではないか。]あるいは又、兎も角も

거리에 있다고 한다. 그렇다면 조선국의 울릉도라 해도 이상하지 않
다. 그렇지만 일본인이 거주하고 있다거나 이쪽이 수중에 넣은 섬이
라면 이제 와서 [저쪽에] 보낸다는 것도 어려운 일이지만 그러한 증
거 등도 없다. 그러므로 이쪽에서는 [다시 섬의 일에 언급하지 않고]

상관하지 않는 것으로 해두면 어떠할까. 또는 [이미 벌써 저쪽에 대해서는] 쓰시마노카미토노가 울릉도라는 기입을 삭제해서, 그러한 반한을 보내달라고 요구했다 한다. 그러나 그 반한이 오기 전에 쓰시마노카미토노가 사거하셨다. 그래서 위의 반한은 그 나라에 [아직] 놓아두고 있다 한다. 그렇다면 교우부토노 [자신이 반한을 받은 것이 아니다. 그렇다면 일부러] 울릉도의 일을 [또 똑같이 저쪽에] 요구할 필요가 없다. [다른 형태의 요구가 있는 것이 아니지 않은가.] 혹은 또 어쨌든

竹嶋之儀ニ付一通り刑部殿より書簡ニ而も可被差越与思召候哉右三様
之御了簡被成思召寄委可被仰聞候蚫取ニ参候迄ニ而無益嶋ニ候処此儀む
すほゝれ年来之通交絶申候も如何ニ候御威光或武威を以申勝ニいたし
候而も筋もなき事申募候儀者不入事ニ候竹嶋之儀元しかと不仕事ニ候
例年不参候異国人罷渡候故重而不罷越候様ニ被申渡候様ニ与相模守殿
より被申渡候元ばつと

竹嶋の事に付いては、その一通りを刑部殿から書簡を以て[あちらに
是非]申し入れる必要があると、そのようにお考えになっているので
あろうか。右の三様の対策を[まず]お考えに成られ、その御判断につ
いてを委しくお聞かせいただきたい。^(註 1) 蚫を取りに行くだけの島で
[所詮]無益の嶋の事である。そのような処に、このように事が堅く凝
り固まってしまっては、年来の通交も絶えてしまう。そのような事
が起これば、さて如何なものであろうか。御威光あるいは武威を以
て[あちらに]申し入れて[この件に]勝利をしても、筋道の立たない事
を申し募っただけのことで、入らざる事である。竹嶋の事は、元々
の経緯は、よく分からないというのが、実際のところであろう。例
年[島に]参入して来なかった異国人が[突然]渡って来たので、再び罷
り越さぬよう[あちらに]申し渡して貰いたいと[そのように]相模守殿
から申し入れがあった。[そもそも島への渡海を、あちら朝鮮は]元は
[制禁としており、違反すれば]罰と

죽도의 일에 대해서는 대체적인 것을 교우부토노가 서간으로 [저쪽
에 반드시] 요구할 필요가 있다고 그렇게 생각하고 계시는 것일까. 위

의 세 가지 대책을 [먼저] 생각하시고, 그 판단에 대한 것을 자세히 듣고 싶다. 전복을 잡으러 갈 정도의 섬일 뿐 [어차피] 무익의 섬이다. 그러한 곳에 이처럼 일이 심하게 냉각되어서는, 연래의 통교도 단절되고 만다. 그러한 일이 생기면 도대체 어떻게 되겠는가. 위광 혹은 무위로 [저쪽에] 요구하여 [이 건에서] 승리한다 해도 이치에 맞지 않는 일을 주장한 것일 뿐 필요가 없는 일이다. 죽도의 일은, 원래의 경위는 잘 알지 못한다는 것이 사실이겠지요. 예년에는 [섬에] 들어오지 않았던 이국인이 [갑자기] 건너왔기 때문에 다시는 건너오지 않도록 하라고 [저쪽에] 말해주었으면 좋겠다고 [그렇게] 사가미노카미가 요구했다. [원래 섬의 도해를 저쪽 조선은] [금지하고 있어, 위반하면] 처벌

いたしたる事＝候無益儀＝事おもくれ候ても如何存候　刑部殿＝者御律
儀＝候間始如此申置候処今更ケ様＝者被申間敷与之御遠慮茂可有之か
と存候其段者少も不苦候我等宜様＝了簡可仕候間思召之通無遠慮可被
仰聞候其方達も存寄無遠慮可被申候同し事を幾度も申進候段くとき
様＝候得共異国江申遣候事＝候故度々存寄申進候間思召寄幾度も被仰聞
候様＝与

致していたからである。[だが朝鮮から漁民が渡り来るようになった
ならば、当然、紛争は生じるであろう。このような紛争は、しかし
ながら]無益の事である。事[を引きずっていれば]重苦しい状態が[い
つまでも続く。そのような事は]如何なものであろうか。刑部殿は御
律儀な方であるから、始め、そのようにと申し置いた処を、今更こ
のようにとは、言い出し難いであろう。そのような御遠慮も、おそ
らく有るに違いない。だがその事は、少しの御遠慮もなさる必要は
無い。我等[幕閣の面々]が宜しい様に、お取り計らいを行う積もりで
ある。それゆえ、お考えの通りに、遠慮無く[この件に関し]御意見を
御述べ下さいと、このように[豊後守様は]お話し下さった。そしてそ
の方達も、思っている事を遠慮無く申し述べるようにと[こちらへも
言葉を掛けて下さった。]同じ事を幾度も[繰り返し]語った事は、く
どい様にも聞こえるが、異国へ申し遣わす事であり、それゆえ度々
に確認をしたまでの事である。[刑部殿の]お考えを、幾度もお聞かせ
いただいた上で

하고 있기 때문이다. [그러나 조선에서 어민이 건너오게 되었다면 당연히 분쟁은 생길 것이다. 이러한 분쟁은, 그러나] 무익한 일이다. 일을 [끌고 있으면] 어려운 상태가 [언제까지고 계속된다. 그러한 일은] 어떠할까요. 교우부님은 성실한 분이라 처음에 그렇게 말해둔 것을, 이제서야 이렇게 말하는 일은 하기 어려울 것이다. 그러한 생각도 아마도 가지고 있기 마련이다. 그러나 그 일은 조금도 걱정하실 필요가 없다. 우리들 [막각의 면면]이 좋도록 조처할 것이다. 그러므로 생각하시는 대로 거리낌 없이 [이 건에 관한] 의견을 말해주세요 라고, 이렇게 [분고노카미가] 말씀해주셨다. 그리고 그 (다른) 분들도 생각하고 있는 것을 사양하지 말고 말씀하시라고 [이쪽에 말을 걸어주셨다.] 같은 일을 몇 번이고 [반복해서] 이야기하는 것은 진부하게 들릴 수도 있겠지만, 이국에 말을 전하는 일이라, 그 때문에 가끔 확인한 것일 뿐이다.   [교우부토노의] 생각을 몇 번이고 들은 후에

存候御事繁内ニ候故今少筋道をも付候上ニ而達　上聞可申与存候右申
渡候口上之趣其方覚之為ニ書付遣候与之御事ニ而御覚書御直ニ御渡被成
候故請取拝見仕候而只今之御意之趣有増落着申候様ニ奉存候左候ハヽ
以来日本人ハ彼嶋江御渡被遊間敷与之思召ニ候哉与伺申候得者如何ニも
其通ニ候重而日本人不罷渡候様ニ与思召候由　　御意被成候故竹嶋之儀
返し被遣候与申

[この度の判断を下そうと]思う。上様(徳川綱吉)へは、御忙しい中で
あるので、今少し筋道をも付けてから、是非にも[ことの経過を]御耳
に入れようと思っている。右に申し渡した口上の趣旨を、その方の
覚えの為に書付にして遣わすと、そのようにお話しになり、御覚書
を直接お渡し下さった。それゆえ請け取り[早速]拝見を致した。[そ
して申し上げた事は]只今の御意の趣旨により[この竹嶋一件は]あら
まし落着となった様に思います^(註2)。そうであれば、以後、日本人は
彼の嶋へ渡る事が無いようにと、そのようなお考えでございますか
と伺ったところ、いかにもその通りであると[お答えになられた。]再
び日本人は[島に]渡る事の無い様にと、そのようなお考えの由を[こ
こで]御意志として示された。それゆえ竹嶋の事は[そうなれば、実質
あちらへ]返し遣わされると言う

[이번의 판단을 내리려고] 생각한다. 윗분(토쿠가와 쓰나요시)에게는
바쁘시기 때문에 조금 이치를 세워서, 반드시 [일의 경과를] 보고하려
고 생각하고 있다. 위에서 건넨 구상서의 취지를 그분의 이해를 위해
서부로 해서 보내겠다고 그렇게 말씀하시고, 각서를 직접 건네주셨

다. 그래서 청취하여 [서둘러] 배견하였다. [그리고 말씀드린 것은] 바로 지금 말씀하신 취지에 따라 [이 죽도일건은] 대충 낙착된 것 같다고 생각합니다. 그렇다면 이후로 일본인은 그 섬에 건너가는 일이 없도록 하라고 하는 그러한 생각이십니까 라고 여쭈었더니, 아무리 생각해보아도 그렇다 라고 [답하셨다.] 다시 일본인은 [섬에] 건너는 일이 없도록 하라고, 그렇게 생각하시는 것을 [여기서] 의지로 해서 보이셨다. 그래서 죽도의 일은 [그렇게 되면 실질적으로 저쪽에] 돌려주는 것이라는

手に葉ニ而も無御座候哉与申上候得者其段も其通ニ候元取候嶋ニ而無之上ハ返し候与申筋ニ而も之候此方より構不申已前ニ候此方より誤りニ而候共不被申事ニ候右被仰遣候趣とハ少しくい違候得共　事おもくれ可申より少しハくい違候共軽く相済申候方宜候間此段御了簡被成候様ニ与之御事故とくと落着申候罷帰刑部大輔江可申聞由申上候而退座仕ル

事になります。てにをは程度の修正では済まない[つじつまの合わない]事に成りますがと申し上げたところ、その事も、その通りである。元々取り込んだ島では無いので[それを]返すと言うのも、話の筋としては有り得ない。こちらからは関与をせず、ただ以前の通り[そのままにしておくだけのことである。]こちらから誤りであったと申すような事ではない。右の事は[これまで、あちらへ]申し入れていた趣旨と、少し食い違いがあるが、事が重苦しく展開するより、少しばかり食い違いがあっても、軽く処理が済む方が宜しいのではないか[註3]。この事は、そのように御考えに成ってはどうかと、そのような御答えであった。それゆえ、しっかりと[こちらの疑問も消え]落着した。罷り帰り刑部大輔へ[この事を]お聞かせすると申し上げ、退座を仕った。

일이 됩니다. 어조사 정도의 수정으로는 끝나지 않는 [이치에 맞지 않는] 일이 됩니다만이라고 말씀드렸는데, 그것도 그대로입니다. 원래 취한 일이 없는 섬이기 때문에 [그것을] 돌려준다고 말하는 것도 말의 이치로서는 있을 수 없다. 이쪽에서는 관여하지 않고, 그저 이전처럼 [그대로 해서 놓아둘 뿐이다.] 이쪽에서 잘못했다고 말하는 것과 같은 일이 아니다. 위의 일은 [지금까지 저쪽에] 요구했었던 취지와 약간의 차이가 있으나 일이 어렵게 전개되는 것보다, 어느 정도 어긋나는 일이 있어도 가볍게 처리가 끝나는 쪽이 좋지 않은가. 이 일은 그렇게 생각하면 어떨까라고, 그와 같은 답이었다. 그래서 완전히 [이쪽의 의문도 사라져] 낙착되었다. 물러나 교우부 다이스케에게 [이 일을] 말씀드리겠다고 말씀드리고 자리를 물러났다.

豊後書頼む山院、夢山多は死二涙

(38-02)

〃豊後守様より御渡被成候御書付左ニ記之

(38-02)

〃豊後守様から御渡しに成った御書付を左に記す。

(38-02)

〃분고노카미 사마가 건네준 서부를 아래에 기록한다.

口上一ツゑ

田舎芝居をいたし候ゆへ
御ことはり申上候

口上之覚

旧冬覚書を以被仰聞候旨各^江委細申達候

口上之覚

旧冬に覚書を以てお聞かせ下さった趣旨について[幕閣の]各々へ、その
委細を申し伝え[その内容を、しっかりと]伝達致した。

구상지각

지난 겨울에 각서로 들려주신 취지에 대해 [막각의] 분들에게, 그 자
세한 것을 이야기하여 [그 내용을 차분히] 전달했다.

一 竹嶋之儀松平伯耆守^江相尋候処竹嶋者因幡伯耆^江附属と申^ニ而も無
　之米子之町人両人願出松平新太郎因幡伯耆領知之時分窺有之而
　竹嶋^江米子町人相越猟いたし来ル由^ニ候然者朝鮮国之嶋を日本^江
　取候与申わけ^ニも不相聞候道程之儀承候得者竹嶋より朝鮮^江凡四
　十里余程伯耆^江者百六十

一　竹嶋の事について、松平伯耆守へ尋ねた処、竹嶋は因幡伯耆に
　　附属[する島である]と申すわけでは無い。米子の町人である両
　　人(大谷と村川)が願い出て、松平新太郎(池田光政)が因幡伯耆
　　を領知する時分、伺いが有って[それを了承した。以後]竹嶋へ
　　米子の町人が罷り越し、漁猟をするようになったという事であ
　　る。そうであれば、朝鮮国の嶋を日本が取ったと言うわけのも
　　のではない。道のりの事を聞けば、竹嶋から朝鮮へは凡そ四十
　　里余程であるという。そして伯耆へは百六十

1. 죽도의 일에 대해 마쓰타이라 호우키노카미에게 물었더니, 죽도
   는 이나바 호우키에 부속[하는 섬이다] 라고는 말할 수 없다. 요
   나고 정인 두 사람(오오야와 무라카미)이 원서를 내어, 마쓰타이
   라 신타로우(이케다 미쓰마사)가 이나바 호우키를 영지로 할 무
   렵에 묻는 일이 있어 [그것을 승낙했다. 이후로] 죽도에 요나고
   정인이 건너가 어렵을 하게 되었다는 것이다. 그렇다면 조선의
   섬을 일본이 취했다고 말할 수 있는 일이 아니다. 거리를 물었
   더니 죽도에서 조선은 대개 40리 정도라고 한다. 그리고 호우키
   에는 160

罷程去々里云胡餅を多くも別程を作り有

胡餅玉を備へ萬陸鴻を和茶つらへにくろ

ねに支え日々々あれ心城きうても立ての

又昇々人飛簾住々人を変胡餅九雄を

史々もり況を瓶々滅も前を渓系結せ

比寺か重竹時々水拵々之仁仕可此

沙々事

里程在之由﹅候朝鮮﹅者各別程近候故朝鮮国之堺蔚陵嶋﹅而茂可有之哉
与被存候夫共﹅日本﹅取候憊成しるしも在之候か又日本人居住等仕候
者今更朝鮮﹅難遣事﹅も候得共左樣之儀も前々弥於無之者此方より竹
嶋之儀構無之わけ﹅仕可然哉之事

里程あると言う。朝鮮へは格別に、ほど近いので、朝鮮国の境域に
ある蔚陵嶋で有るのかもしれない。それとも日本へ取り込んだとい
う確かな証拠でもあるか、または日本人の居住があるようであれば
[日本の島として]今更朝鮮へ遣わす事も難しくない。だが、そのよう
な事も前々から無いようである。それゆえ、こちらから竹嶋の事に
ついては、もう構わぬままの扱いに致すよう、なされたい。

리 정도에 있다 한다. 조선에는 각별히 가깝기 때문에 조선의 경역에
있는 울릉도일지도 모른다. 그렇지 않으면 일본의 것으로 했다는 확
실한 증거라도 있거나 또는 일본인의 거주가 있는 것이라면 [일본의
섬으로 해서] 지금이라도 조선에 말하는 일도 어렵지 않다. 그러나
그와 같은 것도 전부터 없었던 것 같다. 그래서 이쪽에서 죽도의 일
에 대해서는 더 이상 관여하지 않는 취급을 하도록 하고 싶다.

一　対馬殿より朝鮮江蔚陵嶋と書入候儀差除返翰被越候様ニ与被相達
　　候処返簡披見無之内対馬殿死去候然者刑部殿より蔚陵嶋之儀重
　　而被申越不及被差置苦ケ間敷哉之事

一　対馬殿から朝鮮へ向け、蔚陵嶋と書き入れた事を差し除く返翰
　　を寄越すよう、申し伝えをなされた。そのような処に、返翰を
　　御覧になる事も無いまま、対馬守殿は死去なされた。そうであ
　　るならば、刑部殿から蔚陵嶋の事について、再度の申し入れは
　　不要である。その差し置いたままで[交渉が終了となっても少
　　しも]構わない事である。

1. 쓰시마노토노가 조선에 울릉도라고 기입한 것을 삭제한 반한을
　 보내도록 하라고 말을 전했다. 그러한데 반한을 보시는 일도 없
　 이 쓰시마노카미 토노는 사거하셨다. 그러하기 때문에 교우부 토
　 노가 울릉도의 일에 대해 다시 요구하는 일은 필요 없다. 그렇게
　 방치해둔 대로 [교섭이 종료되어도 조금도] 관계없는 일이다.

一作鴈獻陵脩□沒□符宛角一盒刑□□

書面□政愛□□□沙事

右□營□□室□□可□□作□□□

正月九日

一 竹嶋蔚陵嶋之儀ニ付兎角一通り刑部殿より書通被致度被存候哉之事
右御了簡候而無遠慮可被仰聞候以上

　　　　正月九日

一 竹嶋と蔚陵嶋の事に付いては、兎も角も一通りの事を刑部殿から[あ
　ちらへ]書き送り「これまで通り両国の良好な」通交を[保全して]いた
　だきたく思うところである。
右のように御考えなさり[何か他に御意見があれば]遠慮無くお聞かせ
いただきたい。以上。

　　　　正月九日

1. 죽도와 울릉도의 일에 대해서는 어쨌든 대체적인 일을 교우부 토
　노가 [저쪽에] 써서 보내어 [지금까지와 마찬가지로 양국의 좋은]
　통교를 [보전하여] 가고 싶다고 생각하는 바이다.
위와 같이 생각하시고 [무엇인가 다른 의견이 있으면] 서슴없이 말해
주었으면 합니다. 이상.

　　　　정월 9일

(38-03)

〃同月十一日豊後守様〔江〕直右衛門参上思召寄之書付二通三沢吉左衛門を以差上口上〔二〕而申上候ハ一昨日者竹嶋之儀〔二〕付家来被召寄御逢被遊被仰聞候趣委致承知奉得其意候依之存寄之通書付懸御目今少シ宜敷

(38-03)

〃同月(正月)十一日、豊後守様へ直右衛門が参上し[御隠居様の]お考えの書付を二通、三沢吉左衛門を介して差し上げた。そして口上によって申し上げた。[すなわち]一昨日は竹嶋の事に付き、家来を召し寄せられ御逢い下さり[直に]お話しをお聞かせいただきました。その御趣旨を委しく[承り、内容については]承知を致しました。御意向を了解いたし、これに基づき、御承知の通りの書付を御目に掛けます。今少し宜しい

(38-03)

〃동월(정월) 11일에 분고노카미 사마에게 나오에몬을 찾아뵙고 [은거하신 분의] 생각을 적은 서부 2통을 미사와 요시자에몬을 중개로 해서 바쳤다. 그리고 구상으로 말씀드렸다. [즉] 그저께는 죽도의 일에 대해, 가신을 불러서 만나주시고 [직접] 이야기를 하여 주셨습니다. 그 취지를 자세히 [듣고 내용에 대해서는] 납득하였습니다. 의향을 이해하고 그것에 근거하여 아는 대로의 서부를 보여드립니다. 지금 약간 좋게

いたし方も可有之事ニ奉存候得共異国江申遣事ニ候故存候佗ニ不参おも
くれ候而者思召等も相違仕候事軽く相済候様ニ与被思召候与推察仕候
故其思召を請候而存寄書付差上申候此段十分之いたし様とハ不奉

対処の仕方も有るようには思いますが^(註4)異国へ申し遣す事でござい
ますので[こちらの]思うままには参らぬ事でございましょう。[この
まま]重苦しいような経過を辿っては[友好的な隣国関係を維持すると
いう]お考えからは相違を致す事でございましょう。[この件に関して
は]軽く相済む様にとのお考えであると推察を致しておりますので、
そのお考えを承け、了解[を致した旨]の書付けを差し上げます。この
事については、十分の対処の仕方とは思って

대처할 수 있는 방법도 있을 것으로 생각합니다만 이국에 말을 전하
는 일이기 때문에 [이쪽의] 생각대로는 안 될 일이겠지요. [이대로] 어
려운 경과를 거치게 되면 [우호적인 인국 관계를 유지한다고 하는] 생
각과는 다른 일이겠지요. [이 건에 관해서는] 가볍게 끝날 것 같다고
생각하시는 것으로 추찰하고 있기 때문에, 그 생각을 듣고 납득[했다
는 취지]의 서부를 바칩니다. 이 일에 대해서는 충분히 대처하는 방
법이라고 생각하고

存候まげるのいたし様ニ而御座候先日懸御目候通対馬守方より以書簡
急度申掛置候処今度之了簡之通申遣候而者少くい違申気味御座候故
如可ニ存候得共夫共ニまげるニいたし候了簡ニ御座候此上又思召も御座
候ハ、何ヶ度も被仰聞被下候様ニ又了簡之趣をも可得貴意慮候由申上
候処則書付二通共ニ被請取被掛御目候処被仰出候ハ御書付之趣一段可
然存候

おりませんが、そこを敢えて曲げ[こちらは]対処しようとするもので
ございます。先日、御目に掛けた通り、対馬守方から書簡を以て、厳
しく申し掛け置いた処に、今度の御思案のように申し遣わしては[や
はり]そこに少し食い違いが生じます。それゆえ、どのように考えて
も、まるで曲げた形をとった事になり[脈絡の合わないおかしな]方針
となってしまいます。[しかし]この上[なおも日本の竹嶋と主張し、欝
陵嶋の文字を削除するよう要求し続ければ、難しい段階にも立ち至
ります。そのような事を避けたいとする]御意向もある事でございま
しょう。何度もお聞かせ下さり[御指示を]いただきました。その様に
[こちらは務めたいと思っており]その御意向の趣旨にも沿いたいと
思っております。貴方様の[お示しになったこれまでの]御思慮に[感
謝を致します]と、このように[御隠居様の言葉を]申し上げました。
[そして書付をも差し出し]た処[吉左衛門は]直ぐ書付二通ともに請け
取られ[豊後守様にお届け下さいました。その結果、豊後守様に直接
また]御目に掛かる事になりました。そうした処[豊後守様が]お話し
下さった事は、御書付の趣旨については、一段と宜しいと考える。

있지 않습니다만, 그것을 일부러 굽혀 [이쪽은] 대처하려고 하는 것입니다. 선일에 보여드린 대로 쓰시마노카미가 서간을 가지고 엄하게 요구해 두었는데, 이번의 생각처럼 말하려 보내게 되면 [역시] 그것에 약간의 모순이 생깁니다. 그렇기 때문에 어떻게 생각해도, 마치 굽힌 형식을 취한 것이 되고 [맥락이 맞지 않는 이상한] 방침이 되고 맙니다. [그러나] 이 이상 [계속해서 일본의 죽도라고 주장하며 울릉도라는 문자를 삭제하도록 하는 요구를 계속하면 어려운 단계에도 이르게 됩니다. 그러한 일을 피하고 싶다고 하는] 의향도 있다는 것이겠지요. 몇 번이고 물어주시고 [지시를] 해주셨습니다. 그렇게 [이쪽은 처리하고 싶다고 생각하고 있고] 그 생각하는 취지에 따르고 싶다고 생각하고 있습니다. 귀하가 [지시하신 지금까지의] 배려에 [감사합니다]라고 이렇게 [은거하신 분의 말을] 전해드렸습니다. [그리고 서부도 제출]했더니 [요시자에몬은] 바로 서부 2통을 같이 청취하여 [분고노카미 사마에게 전해주셨습니다. 그 결과 분고노카미 사마를 직접 다시] 뵙게 되었습니다. 그때 [분고노카미 사마가] 말씀해주신 것은, 서부의 취지에 대해서는 일단 좋다고 생각한다.

乍然文章存寄候処家来江申付候間直し候而懸御目候様ニ与之御事ニ而料
紙硯出候故如御差図書込差上之吉左衛門被申候ハ此儀ニ付朝鮮より書
簡ニ而茂可参事ニ候哉与被申候故今度之儀存之外結構成被仰付ニ候間御
礼之書簡差越申儀も可有之候乍然口上ニ而申渡候ハヽ若書簡不参事も
可有御座候書簡差越可然被思召上候ハヽ此方より気を付

然し乍ら、文章に[いささか]思う所がある。家来へ申し付けておくの
で、直して[再度]御目に掛ける様にとの御事で、料紙、硯を[吉左衛門殿
が]お出し下さいました。それゆえ御差図の如く[修正して]書き込み、こ
れを差し上げることに致しました。[その折]吉左衛門殿が申されたの
は、この[新たな御方針が出た]事に付いて、朝鮮から[御礼の]書翰が
参る事になるであろうかと、そのような事を尋ねられました。そこで
今度の事は[あちらにとって]思いの外、結構に成る御指令であり、御
礼の書翰を差し出して来る事も[大いに]有り得る事だと思います。然
し乍ら[こちらの御方針を]口上ばかりで申し渡したならば、もしや[御
礼の]書翰は[あちらから]参らぬ事も有る事でございます^(註5)。[あちら
から御礼の]書翰が参って来るのが当然とお考えになられるのであれ
ば、こちらから配慮を以て

그러나 문장에 [약간] 생각하는 것이 있다. 가신에게 말해두겠으니 고
쳐서 [다시] 보여드리도록 하라며 용지, 벼루를 [요시자에몬토노가]
꺼내주셨습니다. 그래서 지시하신 대로 [수정] 기입하여 이것을 바치
기로 했습니다. [그때] 요시자에몬토노가 말씀하신 것은, 이 [새로운
방침이 나온] 것에 대해 조선에서 [감사하는 예를 표하는] 서한이 오

게 되는 것인가 라고, 그와 같은 것을 질문하셨습니다. 그래서 이번의 일은 [저쪽으로서는] 의외로 좋은 지령이므로 의례의 서한을 보내는 일도 [얼마든지] 있을 수 있다고 생각합니다. 그러나 [이쪽의 방침을] 구상으로만 전달하면, 어쩌면 [감사의] 서한이 [저쪽에서] 오지 않을 수도 있습니다. [저쪽에서 감사의] 서한을 보내오는 것이 당연하다고 생각하시는 것이라면 이쪽에서 배려하여

可申候由申入候処則右之段被申上候得者御返答ニ書付之趣一段能候間
清書被仰付明朝登城前吉左衛門方迄為持可被遣候必持参ニ及不申候書
簡之儀者参候へかし与存候口上ニ而被仰渡候様ニ御差図申候而者彼方江
被仰届候哉不被仰達

[あちらへ]申し入れを行う必要がありますと、そのような趣旨を[吉左
衛門に]申し伝え[修正の書付をお渡しした。] そうした処、右の段を直
ぐ[豊後守様へ]御報告なさった。その[結果、豊後守様からの]御返答
があり[修正された]書付の趣は[配慮を以て記され]一段と能くなっ
た。これを清書して提出するようにとの仰せ付けがあった。明朝、登
城の前に、吉左衛門方まで持参するようにとの仰せ付けであった。
[それゆえ]必ず持参に及ばなければならない。[また朝鮮からの御祀
の]書翰については[是非]参って欲しいものであるがと[お話しがあっ
た。刑部大輔様は]口上で[この度の趣旨を、あちらへ]申し伝える御
積りのようで、そのように御差図をなさるようであるが、そのよう
な遣り方で[正しく]あちらへ[こちらの意向が]届くのであろうか。[も
しや]申し伝えは[そのような遣り方では正しく]届けられないの

[저쪽에] 요구할 필요가 있습니다 라고, 그와 같은 취지를 [요시자에
몬에게] 이야기하며 [수정한 서부를 건넸다.] 그러자 위의 일을 바로
[분고노카미 사마에게] 보고하셨다. 그 [결과 분고노카미 사마의] 반
답이 있어 [수정된] 서부의 취지는 [배려하여 기록되어] 한결 좋게 되
었다. 이것을 청서하여 제출하도록 하라는 지시가 있었다. 내일 아침
에 등성하기 전에 요시자에몬에게 지참하도록 하라는 지시였다. [그

렇기 때문에] 반드시 하지 않으면 안 된다. [또 조선에서 보내는 감사
의] 서한에 대해서는 [꼭] 바라는 것이 있지만, 이라는 [말이 있었다.
교우부 타이후 님은] 구상으로 [이번의 취지를 저쪽에] 전달할 생각
인 것 같아 그렇게 지시하실 것 같은데, 그와 같은 방법으로는 [바르
게] 저쪽에 [이쪽의 의향이] 전달될까요. [어쩌면] 전달은 [그와 같은
방법으로는 바르게] 전달되지 않는 것

候哉不相知候故　上ニ御覧被遊為にも御座候其上刑部様御為ニも又者豊
後守為にても候間書簡参候様ニ与思召候由御意之旨被申聞候故奉畏候
由申入

ではなかろうか。そこの所が[今ひとつ]不明である。[あちらからの御
礼の書翰を]上様に御覧になっていただくためにも[この度の趣旨が正
しく伝達される]必要がある。その上、刑部様の為にも、また豊後守
の為にも[あちらから御礼の]書翰が[まちがいなく]参る必要がある。
そのように[豊後守様は]お考えになっておられた。それゆえ、そのよ
うな御意志の趣旨を[ここでこちらに]お聞かせ下さった[註6]。畏まり
ましたと返答を申し上げておいた。

은 아닐까. 그것이 [약간] 확실하지 않다. [저쪽이 감사하는 의례의 서
한을] 윗분에게 보여드리기 위해서라도 [이번의 취지가 바르게 전달
될] 필요가 있다. 그 위에 교우부 타이후사마를 위해서도 또 분고노카
미를 위해서도 [저쪽에서 감사하는] 서한이 [틀림없이] 올 필요가 있
다. 그렇게 [분고노카미 사마는] 생각하시고 계셨다. 그렇기 때문에
그와 같은 의지의 취지를 [여기서 이쪽에] 들려주셨다. 잘 알았습니다
라고 답을 올렸다.

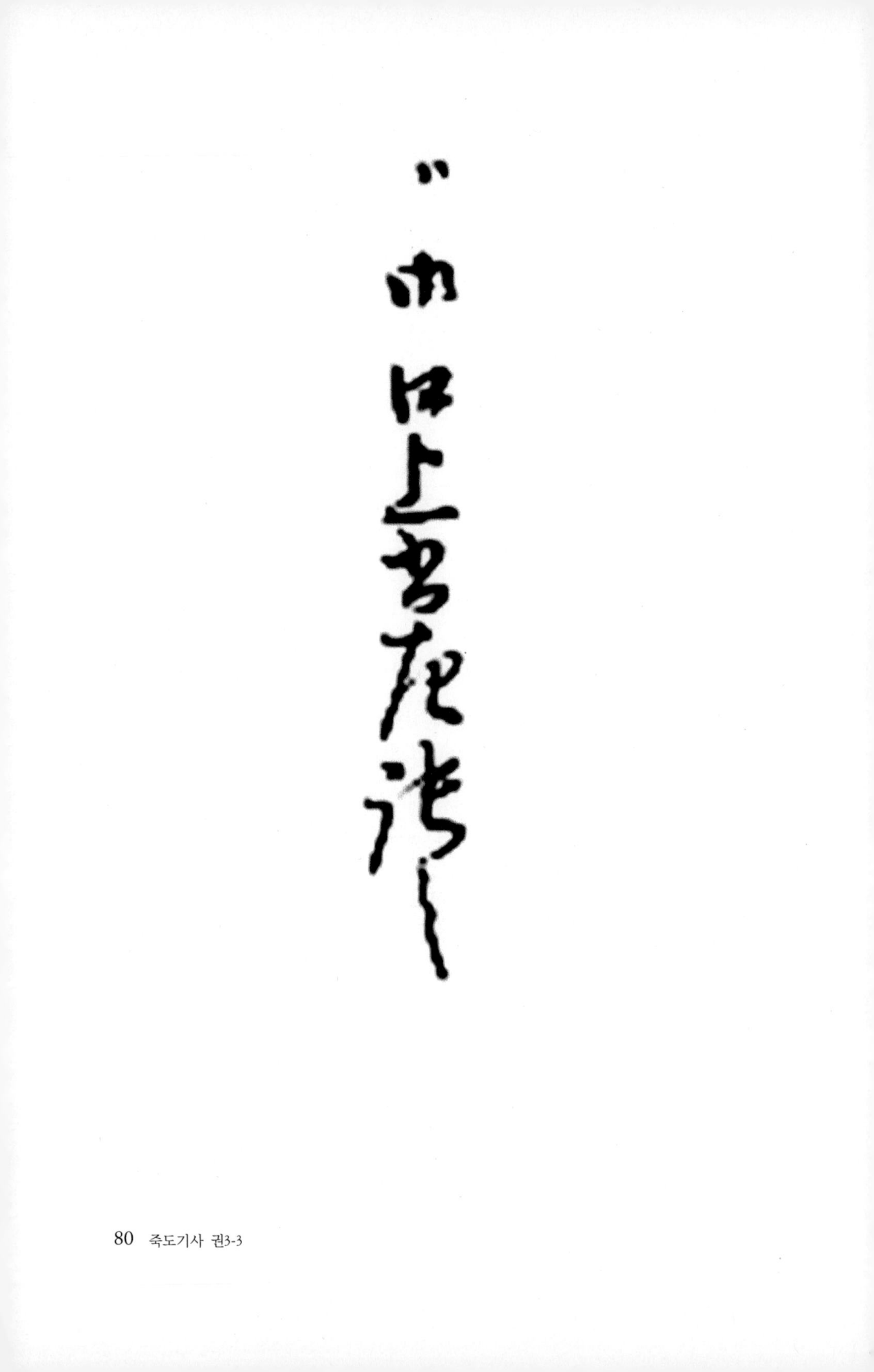

(38-04)

〃御口上書 左記之

(38-04)

〃御口上書を左に記す。

(38-04)

〃 구상서를 아래에 기록한다.

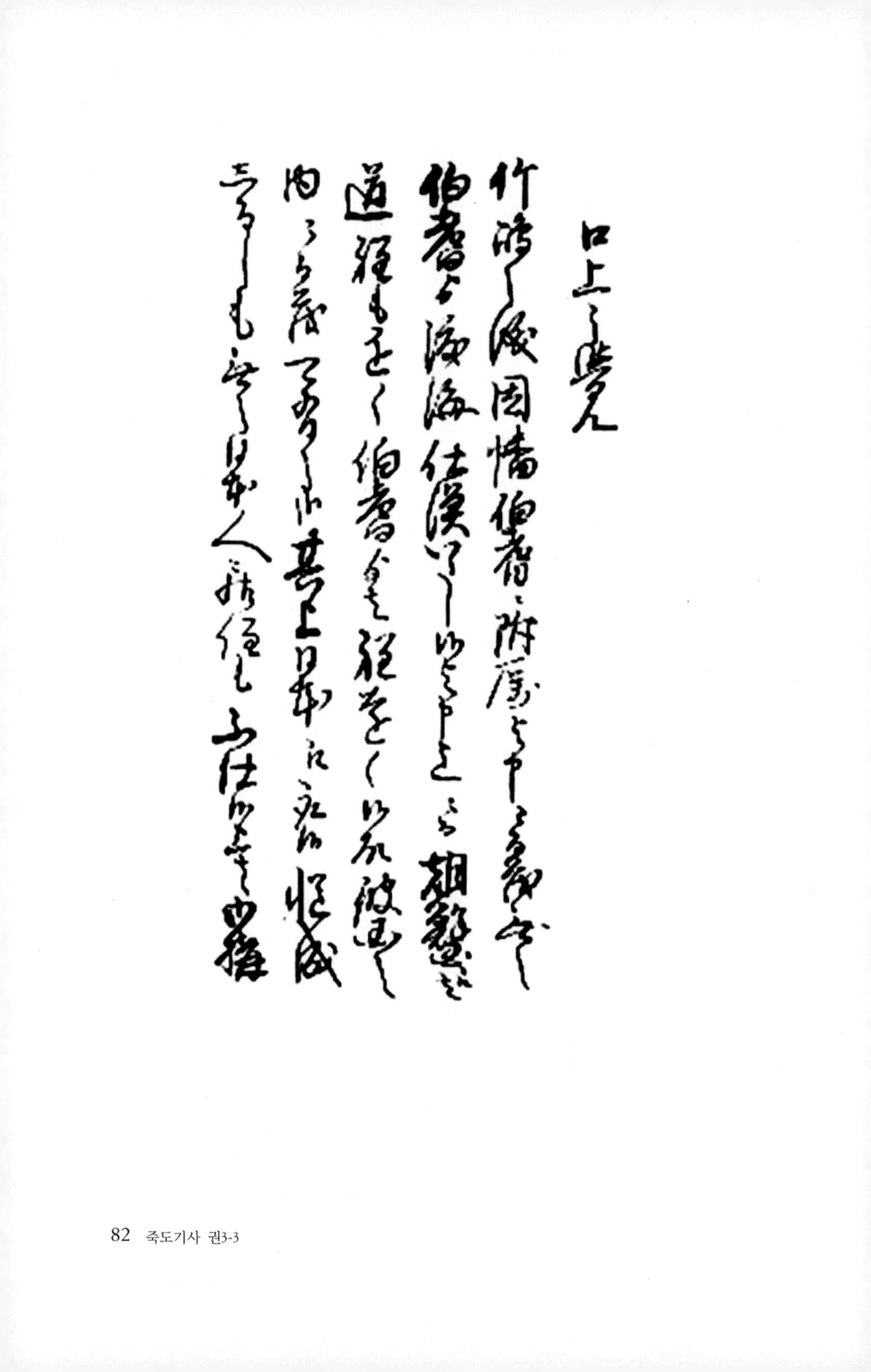

口上之覚

竹嶋之儀因幡伯耆之附属ニ申…
伯耆之渡海…
道程も…伯耆…從…
…甚…
…人…

口上之覚

竹嶋之儀因幡伯耆゠附属与申゠而茂無之伯耆より渡海仕漁いたし候与
申迄゠而朝鮮国江者道程も近く伯耆より者程遠く候故彼国之内゠而茂可
有之哉其上日本江取候慥成しるし茂無之日本人居住も不仕候上者御構

口上の覚

竹嶋の事は、因幡伯耆に附属[する島である]と言うわけでは無く、伯
耆から渡海を仕り、漁を致していたというだけの所でございます。
朝鮮国へは道のりも近く、伯耆からは程遠い島のゆえ、彼の国の領
域内の島で有るかもしれません。その上、日本へ取り込んだという
確かな証拠も無く、日本人の居住も無いと言う事でございますので
[この島に]関わりを

구상의 각

죽도의 일은 이나바 호우키에 소속[하는 섬이다] 라고 말하는 것이
아니라 호우키에서 도해하여 어렵하고 있었다고 말하는 곳일 뿐입니
다. 조선국에는 거리도 가깝고 호우키에서는 훨씬 먼 섬이기 때문에,
그 나라의 영역 내의 섬일지도 모릅니다. 그리고 일본이 취했다고 하
는 분명한 증거도 없고 일본인의 거주도 없다고 말할 수 있는 일이기
때문에 [이 섬에] 관계를

なきわけ゠茂被成苦ケ間敷哉之由御尤奉存候左様被仰付候者彼国゠茂
御誠信与別而忝可奉存候乍然先頃同氏対馬守方より以書簡委申渡置
たる事゠候故申捨゠茂難仕御座候殊此方之漁民渡海被差留候段彼国江不
申届候而者如何敷奉存候され共

持たなくても差し支えは無いと、そのような御話しがございました。
まことに御尤に存じます。[そのような御判断があれば]彼の国に於い
ても、御誠信の事と、特別に忝けなく思う事でございましょう。然し
乍ら、先頃、同氏(宗)対馬守方から書簡を以て[あちらへ]委しく申し
渡した事がございます。それゆえ[その申し渡した事を、そのまま]申
し捨てにして置く事もできません。殊に、こちらの漁民が渡海を差
し留められる[ような不憫な]事は、彼の国へ[それなりの理由を以て]
申し届けずには参らぬ所でございます。しかしそのような[日本人漁
民の渡海禁止の]事を

가지지 않아도 지장이 없다고, 그와 같은 이야기가 있었습니다. 참으로
당연하다고 생각합니다. [그와 같은 판단이 있으면] 그 나라에 있어서
도 성신의 일이라고 특별히 고맙게 생각하겠지요. 그러나 지난번에 동
씨(소우) 쓰시마노카미 측에서 서간으로 [저쪽에] 자세하게 말하여 보
낸 일이 있습니다. 그래서 [말해 보낸 것을 그대로] 내버려두는 일도
할 수 없습니다. 특히 이쪽의 어민이 도해를 금지당한 [것과 같은 좋
지 않은] 일은, 그 나라에 [그 나름의 이유를 가지고] 설명하지 않으
면 안 되는 일입니다. 그러나 그러한 [일본 어민의 도해금지의] 일을

二月十一日

宗刑部左衛

書簡ニ而申渡候而者急度ヶ間敷罷成候間私帰国之刻者必訳官差渡申候
条其節口上ニ而申渡可然哉与奉存候依之訳官江申渡候口上書別紙ニ相認
懸御目候(朱書「存寄之段御尋被成候故任仰書付差上申候」)以上

　　正月十一日　　　　　　　　　宗刑部大輔
　　右朱之通直し候而豊後守様江懸御目候也

[そのまま]書簡で申し渡しては、急に掌を返したように成ってしまい
[前後の脈絡が付きません。それなりの対策が必要でございます。]私
が帰国となれば必ず[朝鮮は]訳官を差し渡して来ますので、その折に
[あちらに]口上にて申し渡しを行い[この御方針の変更を伝え、ことを]
収めたいと考えております。これに依り、訳官へ申し渡す予定の口上
書を、別紙に相したためました。それを御目に掛けます。「(以下朱
書)当方に意見を御尋ねに成られたので、御指図の通り、ここで書付
けに致し差し上げます。」以上でございます。

　　正月十一日　　　　　　　　　宗刑部大輔
　　右の朱の通りに[追加して]直し、豊後守様へ御目に掛けた。

[그대로] 서간으로 말하여 보내면, 갑자기 손바닥을 뒤집는 것처럼 되
어버려 [전후의 맥락이 맞지 않습니다. 그 나름대로의 대책이 필요합
니다.] 제가 귀국하게 되면 반드시 [조선이] 역관을 파견하여 보내기
때문에, 그때 [저쪽에] 구상으로 말을 전하여 [이 방침의 변경을 전하
여 일을] 수습하고 싶다고 생각하고 있습니다. 이것에 따라 역관에게
전할 예정의 구상서를 별지에 기록하였습니다. 그것을 보여드립니다.
「(이하는 주서임) 우리 쪽에 의견을 물으셨기 때문에 지시하신 대로,

여기서 서부로 해서 바칩니다.」 이상입니다.

정월 11일   소우 교우부 다이스케

위의 주서 대로 [추가해서] 고친 것을, 분고노카미 사마에게 보여
드렸다.

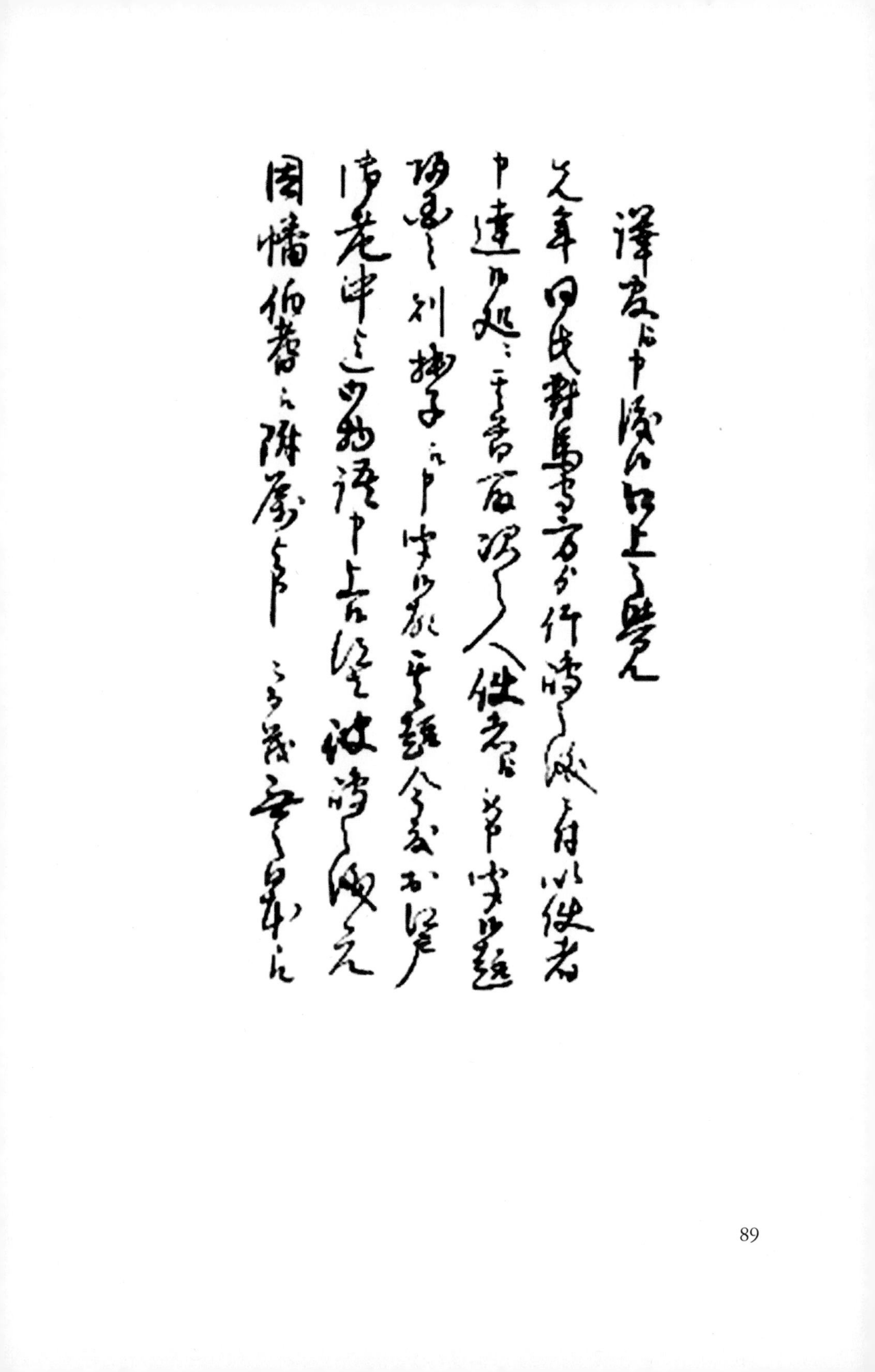

訳官^江申渡候口上之覚

先年同氏対馬守方より竹嶋之儀^二付以使者申達候処^二其節取次之人使者^江被申聞候趣帰国之刻拙子^江申聞候故其趣今度於江戸御老中迄御物語申上候得者彼嶋之儀元因幡伯耆^江附属与申^二而茂無之日本^江

訳官へ申し渡す口上の覚

先年、同氏(宗)対馬守方から、竹嶋の事に付き、使者を以て申し伝えた[ことがある。それに対し]その節、取次人が使者へ申し伝えた趣旨[があり、この使者が]帰国の折、拙者へ其の趣旨を申し伝えた。それゆえ其の趣旨を今度、江戸に於いて御老中まで[拙者が]御物語をして申し上げた。すると彼の島の事は、元々、因幡伯耆に附属した島と言うわけでは無く、また日本へ

역관에게 전하는 구상의 각

선년에 동씨(소우)쓰시마노카미가 죽도의 일에 대해, 사자를 보내 말을 전한 [일이 있다. 그것에 대해] 그때 주선한 사람이 사자에게 전한 말의 취지[가 있어, 이 사자가] 귀국했을 때 그 취지를 전해주었다. 그래서 그 취지를 이번에 에도에서 노중에게 [졸자가] 말씀드렸다. 그러자 그 섬의 일은 원래 이나바 호우키에 부속하는 섬이라고 말할 수 없고 또 일본이

取候与申事ニ而茂無之空嶋ニ候故伯耆之者罷渡漁いたし候迄ニ候然処近
年朝鮮人罷渡入交申候故以来殃をも仕出し可申歟与之御事ニ而已然
之通(朱筆「ニ付而最前之通対嶋守方より」)被仰遣候得共朝鮮へ道程も
近キ(朱筆「く伯耆よりハ程遠キ」)由ニ候間重而此方之漁民渡海不仕候
様ニ可被仰付与之御事ニ候間御誠信之段忝可被存候以上

取り込んだと言う島でも無い、ただの空島であった。そこに伯耆の者
が罷り渡り、漁を行っていたという迄であった。そのような処に、近
年、朝鮮人が罷り渡り[互いに]入り交じるという事になった。こう
なっては、以後、殃(わざわい)が生じるかもしれない。[そのような事
を公儀は危惧なさっておられる。]その御事ニ而已然之通被「(以下朱書)
に付いて最前の通り対嶋守方から」 申し入れを行った。だが[島は]朝
鮮に道のりは近キ「(以下朱書)く、伯耆からは程遠い」由である。それ
ゆえ再び、こちらの漁民が渡海を行わない様にすべきであると[その
ように公儀は御判断をなさり]御命じになられた。この[公儀の]御誠
信の事を[そちらは]忝けなく思わなければならない。以上である。

취했다고 말할 수 있는 섬도 아니다. 그저 공도였다. 그곳에 호우키의
사람이 건너가 어렵을 하고 있었다는 일이었을 뿐이다. 그러한 곳에
근년에 조선인이 건너와 [서로] 뒤섞인다고 하는 일이 되었다. 이렇게
되면 이후로 문제가 생길지도 모른다. [그러한 일을 장군이 걱정하시
고 계신다.] 그 일(이하에 주필로 삭제하고 보입한 부분이 있다)에 대
해 최근과 마찬가지로 [쓰시마노카미 쪽에서] 요구하고 있었다. 그러
나 이쪽 어민이 도해하지 않도록 해야 한다고 [그렇게 장군이 판단하

시고] 명하셨다. 이 [장군의] 성신의 일을 [그쪽은] 감사하게 생각하지
않으면 안 된다. 이상이다.

右朱書之通ニ直し候而豊後守様江懸御目候也

右の朱書の通りに直し、豊後守様へ御目に掛けた。

위의 주서와 같이 고쳐 분고노카미 사마에게 보여드렸다.

〃月十三日晩冬人〻書付二通認清書上ヶ附
仕立方〻押〆四晶書飛宗水坐ヲ来
を以早々後〻稿〻差上ル而〻我〻〻〻
相渡〻

(38-05)

〃同月十二日昨夕之御書付二通致清書上封仕直右衛門印押之御留
守居白水杢兵衛を以豊後守様江差上候所曾我六郎兵衛江相渡ス

(38-05)

〃同月(正月)十二日、昨夕の御書付けの二通を清書し、その上に封
をし、直右衛門がこれに印を押した。それを御留守居の白水杢
兵衛を以て、豊後守様方へ差し上げた所[その配下の]曾我六郎兵
衛が[これを]受け取った。

(38-05)

〃동월(정월) 12일, 어제 석양의 서부 2통을 청서하여 그것을 봉하
고 나오에몬이 이것에 인을 찍었다. 그것을 루스이의 하쿠스이
모쿠베에를 보내 분고노카미 사마에게 제출했더니 [그 배하의]
소가 로쿠로우베에가 [이것을] 수취했다.

口上之覺

竹嶋之儀ニ付因幡伯耆兩國江相渡り候者ハ伯耆より渡海仕候ニ付以テ相報

運送ヲ以道程も宜く伯耆より達者ニ謹而

彼地江罷越候儀ニ付其上ヲ以可申其他ニ茂

口上之覚

竹嶋之儀因幡伯耆ニ附属与申而茂無之伯耆より渡海仕漁いたし候与
申迄ニ而朝鮮国江者道程も近く伯耆より者程遠く候故彼国之内ニ而茂可
有之哉其上日本江

口上の覚(清書したもの)

竹嶋の事は、因幡伯耆に附属[する島である]と言うわけでは無く、伯
耆から渡海を仕り[その島で]漁を致していたというだけの所でござい
ます。朝鮮国へは道のりも近く、伯耆からは程遠い島のゆえ、彼の
国の領域内の島で有るかもしれません。その上、日本へ

구상의 각(청서한 것)

죽도의 일은 이나바 호우키에 소속[하는 섬이다] 라고 말하는 것이 아
니라 호우키에서 도해하여 어렵하고 있었다는 곳일 뿐입니다. 조선국
에는 거리도 가깝고 호우키에서는 훨씬 먼 섬이기 때문에 그 나라의
영역 내의 섬일지도 모릅니다. 그리고 일본이

取候憇成しるしも無之日本人居住も不仕候上者御構なきわけ二茂被成
苦ヶ間敷哉之由御尤奉存候左様被仰付候者彼国二茂御誠信与別而忝可
奉存候乍然先頃同氏対馬守方より以書簡委申渡置たる事二候故申捨二
も難仕御座候殊此方之漁民渡海被差留候段彼国江不申届候而者如何敷
奉存候され共書簡二而

取り込んだという確かな証拠も無く、日本人の居住も無いと言う事で
ございますので[この島に]関わりを持たなくても差し支えは無いと、そ
のような御話しがございました。まことに御尤に存じます。[そのよう
な御判断があれば]彼の国に於いても、御誠信の事と、特別に忝けなく
思う事でございましょう。然し乍ら、先頃、同氏(宗)対馬守方から書簡
を以て[あちらへ]委しく申し渡した事がございます。それゆえ[その申
し渡した事を、そのまま]申し捨てにして置く事もできません。殊
に、こちらの漁民が渡海を差し留められる[ような不憫な]事は、彼の
国へ[それなりの理由を以て]申し届けずには参らぬ所でございます。
しかしそのような[日本人漁民の渡海禁止の]事を[そのまま]書簡で

취했다고 하는 확실한 증거도 없고, 일본인의 거주도 없다고 말할 수
있는 일이기 때문에 [이 섬과] 관계를 가지지 않아도 지장이 없다고, 그
러한 말씀이 계셨습니다. 참으로 당연하다고 생각합니다. [그렇게 판단
하신다면] 그 나라에서도 성신의 일이라고 특별히 감사하게 생각할 일
이겠지요. 그러나 지난 번에 동씨(소우) 쓰시마노카미 측에서 서간을
보내 [저쪽에] 자세히 말을 전한 일이 있습니다. 그렇기 때문에 [그
전한 것을 그대로] 버려두는 것도 할 수 없습니다. 특히 이쪽 어민이

도해를 금지당하는 것과 [같은 불민한] 일은, 그 나라(호우키)에 [그 나름대로의 이유를 가지고] 설명하지 않으면 안 되는 일입니다. 그러나 그와 같은 [일본인의 도해금지의] 일을 [그대로] 서간으로

正月十六日

宗刑部〔花押〕

申渡候而者急度ヶ間敷罷成候私帰国刻者必訳官差渡申候条其節口上ニ
而申渡可然哉与奉存候依之訳官江申渡候口上書別紙ニ相認懸御目候存
寄之段御尋被成候故任仰委細書付差上申候以上

　　正月十一日　　　　　　　　宗刑部大輔

申し渡しては、急に掌を返したように成ってしまい[前後の脈絡が付
きません。それなりの対策が必要でございます。] 私が帰国となれば
必ず[朝鮮国は]訳官を差し渡して来ますので、その折に[あちらに]口
上にて申し渡しを行い[この御方針の変更を伝え、ことを]収めたいと
存じます。これに依り、訳官へ申し渡す口上書を、別紙に相したた
めました。それを御目に掛けます。当方に意見を御尋ねに成られた
ので、その御指図の通り、ここで書付に致し差し上げます。以上で
ございます。

　　正月十一日　　　　　　　　宗刑部大輔

전달하는 것은 갑자기 손바닥을 뒤집는 것처럼 되고 말아 [전후의 맥
락이 맞지 않습니다. 그것에 대한 대책이 필요합니다.] 제가 귀국하게
되면 반드시 [조선은] 역관을 파견하여 오기 때문에 그때 [저쪽에] 구
상으로 말을 전하여 [이 방침의 변경을 전하여 일을] 수습하고 싶다고
생각하고 있습니다. 이것에 따라 역관에게 전할 예정의 구상서를 별
지에 기록하였습니다. 그것을 보여드립니다. 저희 쪽에 의견을 물으
셨기 때문에 지시하신 대로 여기에 서부로 해서 바칩니다.」 이상입
니다.

　　정월 11일　　　　　　　　소우 교우부 다이스케

譯官ゟ御渡口上之覺

先年ゟ民數馬牛多方ニ付竹嶋江渡リ候ハ、以使者

中立ニ付而ヶ間敷候之人使者と申ニ而候ハ、

以船墨之判据子遣し候ハ、敷令

お使ヶ御老中之ゟ御�処より上ニ而船を以使船

之渡元回傭候者ゟ附庸之ゟ元を

訳官[江]申渡候口上之覚
先年同氏対馬守方より竹嶋之儀[二]付以使者申達候処[二]其節取次之人使
者[江]被申聞候趣帰国之刻拙子[江]申聞候故其趣今度於江戸御老中迄御物
語申上候得者彼嶋之儀元因幡伯耆[江]附属与申[二]而も無之

　訳官へ申し渡す口上の覚(清書したもの)
先年、同氏(宗)対馬守方から、竹嶋の事に付き、使者を以て申し伝えた
[ことがある。それに対し]その節、取次人が使者へ申し伝えた趣旨[が
あり、この使者が]帰国の折、拙者へ其の趣旨を申し伝えた。それゆえ
其の趣旨を今度、江戸に於いて御老中まで[拙者が]御物語をして申し
上げた。すると彼の島の事は、元々、因幡伯耆に附属した島と言う
わけでは無く、

　역관에게 전하는 구상의 각
선년에 동씨(소우) 쓰시마노카미가 죽도의 일에 대해 사자를 보내 말
을 전한 [일이 있다. 그것에 대해] 그때 주선한 사람이 사자에게 전한
취지[가 있어, 이 사자가] 귀국했을 때, 졸자에게 그 취지를 전해주었
다. 그래서 그 취지를 이번에 에도에서 노중에게 [졸자가] 말씀드려
올렸다. 그러자 그 섬의 일은 원래 이나바 호우키에 소속하는 섬이라
고 말할 수 없고

日本^江取候与申事ニ而茂無之空嶋ニ候故伯耆之者罷渡漁いたし候迄ニ候
然処近年朝鮮人罷渡入交申候故已来殃をも仕出し可申歟与之御事ニ付
而最前之通対馬守方より申遣候得共朝鮮^江道程も近く伯耆より者程遠
き由ニ候間重而此方之漁民渡海不仕候様ニ可被仰付与之御事ニ候間御誠
信之段忝可被存候以上

また日本へ取り込んだと言う島でも無い、ただの空島であった。そ
こに伯耆の者が罷り渡り、漁を行っていたという迄であった。その
ような処に、近年、朝鮮人が罷り渡り[互いに]入り交じるという事に
なった。こうなっては、以後、殃(わざわい)が生じるかもしれない。
[そのような事を公儀は危惧なさっておられる。] その[危惧の]事に付
いて、最前の通り、対島守方から[貴国へ]申し入れを行った。だが
[島は]朝鮮に道のりは近く、伯耆からは程遠い由である。それゆえ再
び、こちらの漁民が、渡海を行わない様にすべきであると[そのよう
に公儀は御判断をなさり]御命じになられた。この[公儀の]御誠信の
事を[そちらは]忝けなく思わなければならない。以上である。

또 일본이 취했다고 말할 수 있는 섬도 아니다. 그저 공도였다. 그곳에
호우키의 사람이 건너가 어렵을 하고 있었을 뿐이었다. 그러한 곳에
근년에 조선인이 건너와 [서로] 뒤섞이는 일이 되었다. 이렇게 되면 이
후로 문제가 생길지도 모른다. [그러한 일을 장군이 걱정하고 계신
다.] 그 [걱정하는] 일에 대해 최근 쓰시마노카미 측에서 [귀국에] 요
구하고 있었다. 그러나 [섬은] 조선에 가는 길은 가깝고 호우키에서는
훨씬 멀다고 한다. 그렇기 때문에 다시 이쪽 어민이 도해하지 않도록

해야 한다 라고 [장군은 그렇게 판단하시고] 명하셨다. 이 [장군의]
성신을 [그쪽은] 감사하게 생각하지 않으면 안 된다. 이상이다.

(38-06)

〃同月廿日三沢吉左衛門より直右衛門方へ以手紙申来候ハ先日訳
官江刑部大輔様より被仰遣候御口上御案文之末ニ朝鮮へ程も近く
伯耆より者程遠キ由ニ候間重而此方之漁民渡海不仕候様ニ可被仰
付与之御事候間御誠信之段忝可被存候已上右之通

(38-06)

〃同月(正月)二十日、三沢吉左衛門から直右衛門方へ、手紙を以て
の申し伝えがあった。すなわち、先日、訳官へ刑部大輔様から
仰せ遣わす筈の御口上の御案文の末尾に「朝鮮に道のりは近く、
伯耆からは程遠い由である。それゆえ再び、こちらの漁民が、
渡海を行わない様にすべきであると[そのように公儀は御判断を
なさり]御命じになられた。この[公儀の]御誠信の事を[そちらは]
忝けなく思わなければならない。以上である」と、右の通りの

(38-06)

〃동월(정월) 20일에 미사와 요시자에몬이 나오에몬에게 편지를
보내서 전하는 일이 있었다. 즉 선일에 역관에게 교우부 다이스
케 사마가 말하여 보낼 구상의 문장 말미에, 조선에 가는 거리는
가깝고 호우키에서는 거리가 멀다는 것이다. 그것 때문에 다시
이쪽 어민이 도해하지 않도록 해야 한다고 [그렇게 장군이 판단
하시고] 명령하셨다. 이 [장군의] 성신에 근거하는 조치를 [그쪽
은] 감사하게 생각하지 않으면 안 된다. 이상이다」라고 위와 같은

在之候あなたよりハ御誠信之段忝旨御礼可在之儀候此方より忝可被
存与被仰遣候儀跡々も此趣ニ被仰遣候哉如何様之時分左様ニ被仰遣候
哉承度被存候終ニ不被仰遣候ハ、如何も可在候哉夫共ニ不苦

記載があった。[このような記載では、あちらから深謝しての御礼が
あるかどうか定かではない。そこで]それを「あなた様からの御誠信
の事を忝けなく思う」と、そのような趣旨で[あちらから]御礼が来る
よう[訳官へ申し渡す口上文を、そのように今一度]書き直すべきであ
る。こちらから[働き掛け]忝けなく思わせるように[そのように、あ
ちらに]申し伝える事は[重要なことである。訳官へ申し伝えた後、そ
の]後々までも、このような趣旨で[なお謝書の要求を、あちらに]申
し伝え[続け]るのか、どのような時分に、そのように申し伝えるのか
[この際、交渉上の要点を]承っておきたいと思う。結局、申し伝えが
できなかったと言う事になれば[この後の展開は]どのようになるので
あろうか。[きちんとした感謝の返事が無ければ]それによって[決着
という事にならず、その後の処理に]困るような

기재가 있었다. [이와 같은 기재로는 저쪽이 깊이 감사하는 인사가 있
을지 어쩔지 분명하지 않다. 그래서] 그것을 「당신이 취한 성신을 감
사하게 생각한다」라고, 그러한 취지로 [저쪽에서] 인사를 하게끔 [역
관에게 말하는 구상문을, 그렇게 다시 한번] 고쳐 써야 한다. 이쪽에
서 [요구해서] 감사하다고 생각할 수 있도록 [그렇게 저쪽에] 요구하
는 것은 [중요한 일이다. 역관에게 전달하고 그] 후에도 이와 같은 취
지로 [다시 감사서의 요구를 저쪽에] 전달하고 [계속할] 것인가, 어떠

한 때에 그렇게 전달할 것인가 [이번에 교섭상의 요점을] 들어두고
싶다고 생각합니다. 결국 전달하지 못했다고 하는 일이 되면 [이후의
전개는] 어떻게 될 것인가. [분명한 감사의 답이 없으면] 그것으로
[종결이라는 것이 되지 않아, 그 후의 처리에] 곤란할 것 같은

訳゠候哉其旨御老中様方御聞候時之御挨拶被申為候間刑部大輔様思召
被承度候御窺候而明朝゠而も明晩゠而も御太儀なから御自分ちよと御
出候様゠豊後守被申候与之儀申来

事にはならないであろうか。このような趣旨を、御老中様方が御聞き
なさる[と思われるので、その]時、その御返答を[きちんと]お話しで
きるようにして置いてもらいたい。そのような[事であるので]刑部大
輔様のお考えを[予め、こちらも]承っておきたいと思う。そこで御伺
いをするのである。明朝でも明晩でも[構わない。] 御面倒をお掛けす
るが[直右衛門殿が]御自身で、ちょっと[こちらに]御出を願いたい。
このように豊後守様が申されていると[吉左衛門が、こちらに]申し伝
えて来た。

일은 되지 않을까. 이 같은 취지를 노중 분들이 물으셔야 한다[고 생
각되기 때문에, 그]때 그 반답을 [분명히] 이야기할 수 있도록 해두고
싶습니다. 그와 같은 [일이기 때문에] 교우부 다이스케사마의 생각을
[미리 이쪽도] 들어두고 싶다고 생각합니다. 그래서 여쭙는 것입니다.
내일 아침이라도 내일 밤이라도 [상관없다.] 번거롭게 해드립니다만
[나오에몬토노] 자신이 잠깐 [이쪽으로] 나와주었으면 한다. 이렇게
분고노카미 사마가 말씀하시고 계신다고 [요시자에몬이 이쪽에] 말
로 전해왔다.

(38-07)

〃同月廿一日訳官江被仰渡候御口上書両通ニ認直し豊後守様江直右衛門持参吉左衛門江御口上委細ニ申達候処両通之書付被請取則被懸御目御返答ニ被仰出候ハ被仰聞候通承届候左候ハヽ訳官江被仰渡候

(38-07)

〃同月(正月)二十一日、訳官へ申し渡す口上書を、両通りに、したため直し、それを豊後守様のもとへ直右衛門が持参した。[それを]吉左衛門へ口上によって委細に申し伝えた処、この両通りの書付を請け取り、直ぐ[豊後守様の]御目に掛けて下さった。その御返答として[吉左衛門が]お話し下さった事は、御聞きした通りの事を[豊後守様へ]御報告した。そうしたところ、訳官へ申し渡す

(38-07)

〃동월(정월) 21일, 역관에게 전달할 구상서를 두 가지로 해서 기록하여, 그것을 분고노카미 사마에게 나오에몬이 지참했다. [그것을] 나오에몬에게 구상으로 자세히 말씀드렸더니, 그 두 통의 서부를 청취하여, 바로 [분고노카미 사마에게] 보여드려 주셨습니다. 그 반답으로 [요시자에몬이] 말씀해주신 것은 들으신 대로의 일을 [분고노카미 사마에게] 보고했다. 그러한 것을 역관에 건넨

口上書取替申ニ不及右之口上書ニ而能御座候間被申聞候御口上之趣口
上書ニ仕差出候様ニ与之御事ニ而料紙硯出候故則御口上之趣書付差上之
候処一段冝候由御返答也

口上書は、もう[これ以上]取り替えをする必要は無い。右の口上書で
[十分に]宜しい。[そこで今]申した口上の趣旨を[そのまま]口上書に
して差し出す様にとの御事であった。そして料紙と硯とが出て来た
ので、直ぐに御口上の趣旨を、ここに書付け、差し上げた。すると
一段と宜しいとの御返答があった。

구상서는 이제 [이 이상] 바꿀 필요가 없다. 위의 구상서로 [충분히]
좋다. [그래서 지금] 이야기한 구상서의 취지를 [그대로] 구상서로 해
서 제출하도록 하라는 것이었다. 그리고 종이와 벼루를 내왔기 때문
에 바로 구상의 취지를 여기에 기록하여 바쳤다. 그러자 더 좋아졌다
는 답이 있었다.

訳官^江申渡候口上之覚

先年同氏対馬守方より竹嶋之儀^二付以使者申達候処其節取次之人使者
^江被申聞候趣帰国之刻拙子^江申聞候故其趣今度於江戸御老中迄御物語
申上候得者彼嶋之儀元因幡伯耆^江附属与申^二而も無之日本^江取候与申

　訳官へ申し渡す口上の覚(両通りの内の一)

先年、同氏(宗)対馬守方から、竹嶋の事に付き、使者を以て申し伝え
た[ことがある。それに対し]その節、取次人が使者へ申し伝えた趣旨
[があり、この使者が]帰国の折、拙者へ其の趣旨を申し伝えた。それ
ゆえ其の趣旨を今度、江戸に於いて御老中まで[拙者が]御物語をして
申し上げた。すると彼の島の事は、元々、因幡伯耆に附属した島と
言うわけでは無く、また日本へ取り込んだと言う

　역관에게 말을 전하는 구상의 각(두 통 중의 하나)

선년에 동씨(소우) 쓰시마노카미가 죽도의 일에 대해 사자를 보내 전
했던 [일이 있다. 그것에 대해] 그때 주선했던 사람이 사자에게 말한
취지[가 있어, 이 사자가] 귀국했을 때 졸자에게 그 취지를 전해주었
다. 그래서 그 취지를 이번에 에도에서 노중들에게 [졸자가] 이야기를
하여 올렸다. 그러자 그 섬의 일은 원래 이나바 호우키에 소속한 섬
이라고 말할 수 없고 또 일본이 취했다고 하는

事ニ而茂無之空嶋ニ候故伯耆之者罷渡入交申候故以来殃をも仕出し可
申歟与之御事ニ付而最前之通対馬守方より申遣候得共朝鮮^江道程も近
伯耆より者程遠き由ニ候間重而此方之漁民渡海不仕候様ニ可被仰付与
之御事ニ候間此段朝廷^江宜被申達候以上

島でも無い、ただの空島であった。そこに伯耆の者が罷り渡り、漁を
行っていたという迄であった。そのような処に、近年、朝鮮人が罷り
渡り[互いに]入り交じる事となった。こうなっては、以後、殃(わざわ
い)が生じるかもしれない。[そのような事を公儀は危惧なさっておられ
る。] その[危惧の]事に付いて、最前の通り、対島守方から[貴国へ]申し
入れを行った。だが[島は]朝鮮に道のりは近く、伯耆からは程遠い由
である。それゆえ再び、こちらの漁民が、渡海を行わない様にすべ
きであると[そのように公儀は御判断をなさり]御命じになられた。こ
の事を[忝なく思い]朝廷へ宜しく申し伝えていただきたい。以上。

섬도 아니다. 그저 공도였다. 그곳에 호우키 사람이 건너가 어렵을 하
고 있었을 뿐이었다. 그러한 곳에 근년에 조선인이 건너와 [서로] 뒤
섞인다고 하는 일이 되었다. 이렇게 되면 이후로 문제가 생길지도 모
른다. [그러한 일을 장군이 걱정하고 계신다.] 그 [걱정하는] 일에 대
해, 최근처럼 쓰시마노카미 쪽에서 [귀국에] 요구하고 있었다. 그러나
[섬은] 조선의 거리는 가깝고 호우키에서는 훨씬 멀다고 한다. 그렇기
때문에 다시 이쪽 어민이 도해하지 않도록 해야 한다고 [그렇게 장군
은 판단하시고] 명하셨다. 이 [장군의] 성신을 [그쪽은] 감사하게 생각
하지 않으면 안 된다. 이상이다.

訳官^江申渡候口上之覚

先年同氏対馬守方より竹嶋之儀^二付以使者申達候処^二其節取次之人使
者^江被申聞候趣帰国之刻拙子^江申聞候故其趣今度於江戸御老中迄御物
語申上候得者彼嶋之儀元因幡伯耆^江附属与申^二而茂無之日本^江取候与申
事^二而茂無之空嶋^二候故伯耆之者罷渡

訳官へ申し渡し候口上の覚(両通りの内の二)

先年、同氏(宗)対馬守方から、竹嶋の事に付き、使者を以て申し伝え
た[ことがある。それに対し]その節、取次人が使者へ申し伝えた趣旨
[があり、この使者が]帰国の折、拙者へ其の趣旨を申し伝えた。それ
ゆえ其の趣旨を今度、江戸に於いて御老中まで[拙者が]御物語をして
申し上げた。すると彼の島の事は、元々、因幡伯耆に附属した島と
言うわけでは無く、また日本へ取り込んだと言う島でも無い、ただ
の空島であった。そこに伯耆の者が罷り渡り、

역관에게 말해 보내는 구상의 각(두 통 중의 둘)

선년에 동씨(소우) 쓰시마노카미가 죽도의 일에 대해 사자를 보내 전
했던 [일이 있다. 그것에 대해] 그때 주선했던 사람이 사자에게 말한
취지[가 있어, 이 사자가] 귀국했을 때 졸자에게 그 취지를 전해주었
다. 그래서 그 취지를 이번에 에도에서 노중들에게 [졸자가] 이야기를
하여 올렸다. 그러자 그 섬의 일은 원래 이나바 호우키에 소속한 섬
이라고 말할 수 없고, 또 일본이 취했다고 하는 섬도 아니다. 그저 공
도였다. 그곳에 호우키의 사람이 건너가

漁いたし候迄ニ候然処近年朝鮮人罷渡入交申候故以来殃をも仕出し可
申歟与之御事ニ付而最前之通対馬守方より申遣候得共朝鮮江道程も近
伯耆より者程遠き由ニ候間重而此方之漁民渡海不仕候様ニ可被仰付与
之御事ニ候御誠信を以如此候間此段宜朝廷江可被申達候以上

漁を行っていたという迄であった。そのような処に、近年、朝鮮人が
罷り渡り[互いに]入り交じる事となった。こうなっては、以後、殃(わ
ざわい)が生じるかもしれない。[そのような事を公儀は危惧なさって
おられる。] その[危惧の]事に付いて、最前の通り、対島守方から[貴
国へ]申し入れを行った。だが[島は]朝鮮に道のりは近く、伯耆からは
程遠い由である。それゆえ再び、こちらの漁民が、渡海を行わない
様にすべきであると[そのように公儀は御判断をなさり]御命じになら
れた。御誠信を以て、このように[ご判断をなさったので]この事を
[忝なく思い]宜しく朝廷へお伝えるなさるべきである。以上

어렵을 하고 있었다는 것일 뿐이다. 그러한 곳에 근년에 조선인이 건
너와 [서로] 뒤섞인다는 일이 되었다. 이렇게 되면 이후에 문제가 생
길지도 모른다. [그런 일을 장군이 걱정하신다.] 그 [걱정에] 대해 종
전과 마찬가지로, 쓰시마노카미 측이 [귀국에] 요구하고 있었다. 그러
나 [섬은] 조선에 거리가 가깝고 호우키에서는 아주 멀다 한다. 그렇
기 때문에 다시 이쪽 어민이 도해하지 않도록 해야 한다고 [그렇게
장군은 판단하시고] 명하셨다. 성신으로 이렇게 [판단하셨기 때문에]
이 일을 [감사하게 생각하고] 좋게 조정에 전달해야 한다. 이상.

(38-08)

〃直右衛門口上二而申上候趣即席二直右衛門自筆二而相認豊後守様江
　差上候書付左二記之

(38-08)

〃直右衛門が口上によって申し上げた趣旨は、即席に直右衛門が
　自筆によって相したためて、豊後守様へ差し上げた。その書付
　を左に記す。

(38-08)

〃나오에몬이 구상으로 말씀 올린 취지를 즉석에서 나오에몬이 자
　필로 기록하여 분고노카미 사마에게 바쳤다. 그 서부를 아래에
　기록한다.

覚

訳官^江申渡候口上書之内御誠信之段忝可被存候与認申候儀御尋被遊候
口上^二而者前々もケ様之儀訳官^江者申聞候事御座候信使之刻結構御馳走

覚

訳官へ申し渡す口上書の内に、御誠信の事を忝けなく思っていただく
べきと、したためた[箇所があり]この事について[この度]御尋ねをい
ただきました。[それについてお答えをすれば]口上によっては、前々
から、このような[公儀の御誠信の]事を、訳官へ申し伝えて参りまし
た。朝鮮通信使の[派遣の]折などにおいて、結構な御馳走を

각

역관에게 전한 구상서 안에 성신의 일을 감사하게 생각해야 한다고,
기록한 [곳이 있어] 이 일에 대해 [이번에] 질문을 받았습니다. [그것에
대해 답을 하면] 구상으로는, 전부터 이 같은 [장군의 성신에 대한] 일
을 역관에게 말하고 있었습니다. 조선통신사가 [파견될] 때에도 훌륭
한 접대를

又經任順胡解也未可如何

中間有挨拶佳音哉而郎

卻且如之士事多少佳音多少書

上感而之以謙退而仕相違以例哉

二月五日

名吉云々

被仰付候段　朝鮮国゠も忝可被存与申儀度々挨拶仕候書簡゠茂本邦本国
なとゝ申事欠字仕候儀多御座候上之儀なとハ謙退不仕相認候例茂折々
御座候以上

　　正月廿一日　　　　　　　　名書無之

[信使の接待のため公儀は]御命じになられます。それゆえ、このよう
な事は、朝鮮国にも忝けなく思っていただくべきと、そのように、こ
れまで度々[あちらに]告示をして参りました。[あちらからの]書簡に
おいて、本邦本国などの事を記す場合[その前に]欠字[をして配慮]を
致す事は数多くございます。上様の事[を書き記す場合、実に]へりく
だり[文字を]退いて記します。ですが、折々そうではなく、したため
る例もございます[ので注意を払っております]。以上でございます。

　　正月二十一日　　　　　　　[記載は平田直右衛門であるが、その]
　　　　　　　　　　　　　　　名の記載は無い

[통신사의 접대를 위해 장군은] 명하십니다. 그렇기 때문에 이와 같은
일은 조선국도 감사하게 생각해야 한다고, 그렇게 지금까지 자주 [저
쪽에] 알려 왔습니다. [저쪽이 보내는] 서간에, 본방 본국의 일을 기록
할 경우 [그 앞에] 결자(여러 칸을 띄어 쓰는 서식)[를 하여 배려]하는
일이 아주 많았습니다. 윗분의 일[을 기록할 경우에는] 많이 낮추어
[문자를] 몇 자 빼고 기록합니다. 그러나 가끔 그렇지 않고 기록하는
예도 있기 [때문에 주의하고 있습니다.] 이상입니다.

　　정월 21일　　　　　　　　[기재는 히라다 나오에몬인데 그]
　　　　　　　　　　　　　　　이름의 기재가 없다.

(38-09)

〃同月廿八日　天竜院公御登城之所於御前首尾能御暇御拝領被遊御
退出之所大御目付仙石伯耆守様御出御用在之候間被相控候様ニ与
之御事ニ而於御白書院御縁敷御老中様御四人御列座戸田山城守様
竹嶋之儀ニ付御覚書一通御渡被成右之趣御口上ニ而茂被仰渡候付

(38-09)

〃同月(正月)二十八日、天竜院公は御登城なされた。そして[上様
の]御前に於いて、首尾能く[御帰国の]御暇をいただくことができ
た。その御退出の所で、大目付の仙石伯耆守様が御出になって、
御用が在るので、しばらく[その場に]控えている様にとの御伝言
があった。そして御白書院の御縁敷に於いて、御老中の御四人
様が御列座の中、戸田山城守様から竹嶋の事に付いて、御覚書一
通が渡され、右の趣旨を御口上によっても仰せ渡された。

(38-09)

〃동월(정월) 28일에 텐류우인공은 등성하셨다. 그리고 [윗분의]
앞에서 원만하게 [귀국의] 허가를 받을 수 있었다. 그리고 퇴출
하려 할 때 오오메쓰케 센고쿠 호우키노카미사마가 나오셔서,
용건이 있으므로 잠시 [그곳에] 기다리고 있도록 하라는 전언이
있었다. 그리고 시로쇼인(장군을 알현하는 곳)의 엔지키에 노중
네 분이 열좌한 가운데 토다 야마시로노카마사마가 죽도의 일에
대해 각서 1통을 건네주시며 위의 취지를 구상으로 지시하셨다.

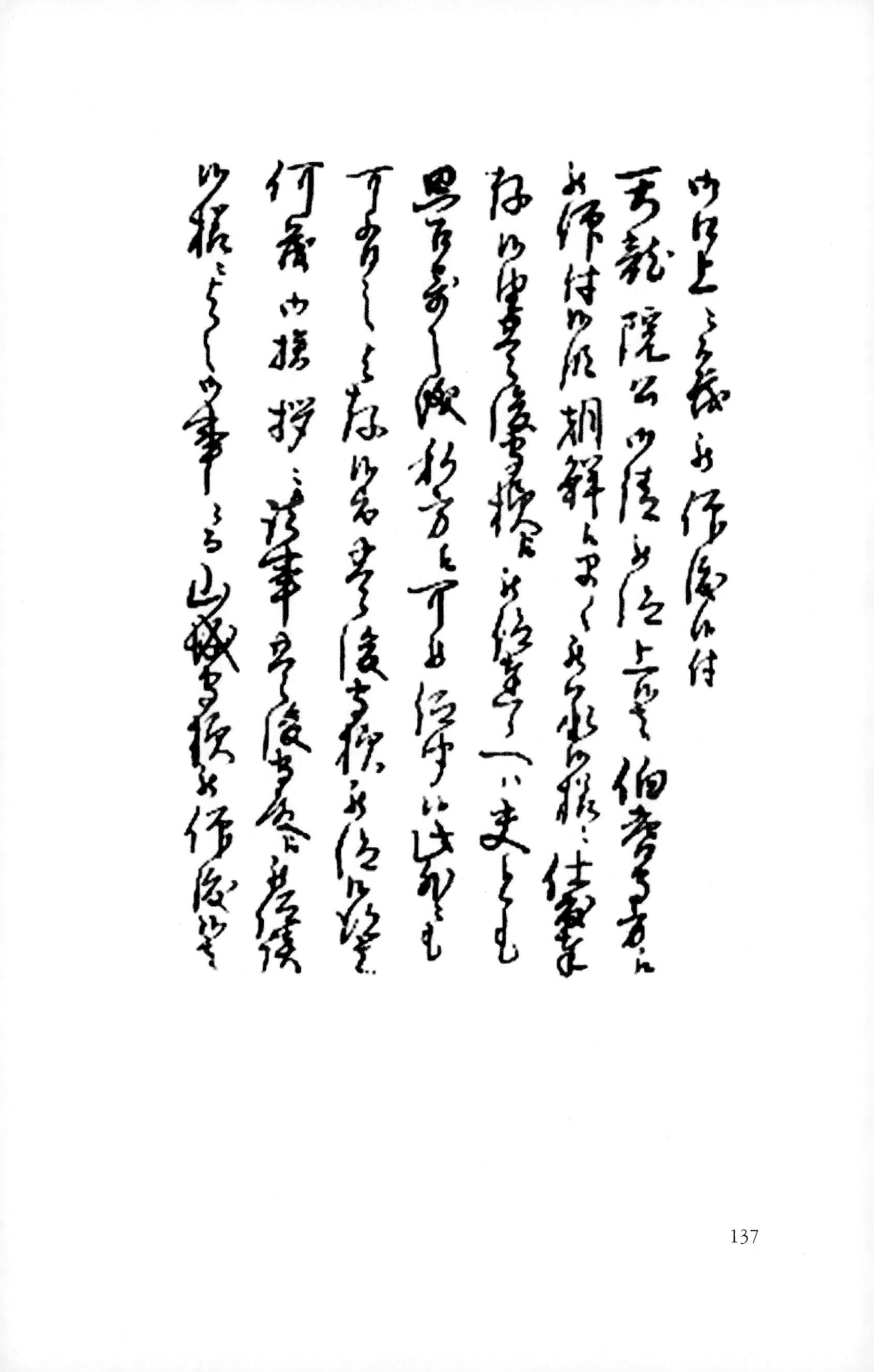

御口上ニ而茂被仰渡候付

天竜院公御請被仰上候者伯耆守方^江被仰付候段朝鮮^江早く被承候様ニ仕
度奉存候由豊後守様^江被仰達候へハ夫とも思召寄之儀私方^江可被仰聞
候此外ニも可有之与存候旨豊後守様被仰候得者何茂御挨拶ニ諸事豊後
守殿^江被仰談候様ニ与之御事ニ而山城守様被仰渡候者

御口上によっても仰せ渡された。

それゆえ天竜院公は御請けを致し、そして御返答を申し上げた。伯耆
守方へ御指示があった事を、朝鮮へ向け、早く申し伝えたいと思って
おりますと、そのような事を豊後守様へ申し上げた。すると、その
[朝鮮への伝達の]事と共に、また思う事があれば、私の方にお聞かせ
下さい。その外にも、これはと思うような事があれば、[やはり私の
方に]お聞かせ下さいと、豊後守様がお話し下さった。そして[御同席
の御老中の]何れの方様からも[天竜院公に]言葉を掛けて下さり、諸
事、豊後守殿へ御相談なさるようにと、そのような[御助言を頂くま
での]事があった。そして山城守様が[さらに御言葉を添えて]お話し
下さった事は、

구상으로 명하셨다.

그래서 텐류우인 공은 받으시고, 그리고 반답을 올렸다. 호우키노카
미 측에 지시하셨던 일을 조선에 빨리 전달하고 싶다고 생각하고 있
습니다 라고, 그러한 일을 분고노카미 사마에게 말씀드렸다. 그러자
그 [조선에 전달하는] 것과 더불어 또 생각하는 일이 있으면 나에게
말해주세요. 그 외에도 이랬으면 하고 생각하는 것이 있으면 [역시

나에게] 알려주세요 라고 분고노카미 사마가 말씀하셨다. 그리고 [동
석한 노중의] 어느 분이신가가 [텐류우인공에게] 말을 거시며 모든
일을 분고노카미 사마와 상담하도록 하라고 그러한 [조언을 해주시
는] 일이 있었다. 그리고 야마시로노카미 사마가 [다시 말을 덧붙여]
말씀해주신 것은

上意之趣ハ対馬守以前より役儀ニ念入相勤候与被思召候与之御事ニ候
故　天竜院公御請被仰上候者　上意之趣難有仕合奉存候心之及丈弥念
を入相勤可申与奉存候由被仰上候得者御老中様何茂被仰候ハ難有　上
意ニ御座候ヶ様ニ不被仰付候而も可被相勤儀ニ御座候与御挨拶有之候付
御礼被仰上御退出被成

上様の御考えの趣旨は、対馬守が以前から役儀に念を入れて勤めてい
ると、そのような[良い]御評価であったと言うものであった。天竜院公
は[この御言葉を有り難く]御請けし、そして申し上げた事は、そのよう
な上様の御考えをお聞きし、有り難き仕合せに存じます。心の及ぶ限
り、いよいよ念を入れて御奉公に勤めますと、そのような御返答を
差し上げた。すると御老中様方の何れもが仰せられた事は、有り難
い上様の御評価である。このような仰せ付けが無くても、御奉公に
相勤めるべき事であるのに、なお以て[いよいよ御奉公に励むと申す
事など、実に　殊勝な心掛けであると]そのような御発言があった。そ
こで[皆様に]御礼を申し上げて[天竜院公は]御退出なさった[註7]。

윗분의 생각하시는 취지는 쓰시마노카미가 이전부터 역할에 열심히
근무하고 있다고, 그처럼 [좋은] 평가였다고 말하는 것이었다. 텐류우
인공은 [이 말을 고맙게] 받아들이고, 그리고 말씀 드린 것은, 그와 같
은 윗분의 생각을 들어 고맙고 행복하다고 생각합니다. 생각이 미치
는 한 더 정성껏 봉공하겠습니다 라고, 그러한 답을 드렸다. 그러자
노중 분들 모두가 말씀하신 것은, 있기 어려운 윗분의 평가이다. 이
같은 지시가 없어도 봉공에 힘써야 하는 것인데, 새삼스럽게 [더욱

봉공에 노력하라고 말하는 등 참으로 각별한 배려라고 하는] 그러한 말씀이 있었다. 그래서 [모두에게] 감사를 표하고 [텐류우인공은] 퇴출하셨다.

以上

先年より伯列蓄子之所人会人作候は
陰海の内え今齢成演習胡鞨人も波濱
桑後擽り坐地もり其人入交を差等て
変ゝ以召向陵茶子ゝ町人滄海ゝ廠ゝ
荒止名み作出て樽平伯舊ゝ方ゝ筆書
相達ゝ為ゝ屋中哀坐

二月六日

口上之覚

先年より伯州米子之町人両人竹嶋^江渡海至于今雖致漁候朝鮮人も彼嶋

^江参致猟候由然者日本人入交無益之事^ニ候間向後米子之町人渡海之儀

可差止旨被仰出之松平伯耆守方^江以奉書相達候為心得申達候以上

　　正月廿八日

　　口上の覚(戸田山城守から刑部大輔への申し伝え)

先年から、伯州米子の町人二人が、竹嶋へ渡海を致し、今に至るまで漁を致して来た。そうではあるが朝鮮人も、また彼の嶋に渡り、猟を致す事になった。そうであれば日本人と[朝鮮人と]入り交じる事は[大いに有り得る事である。そうなれば]無用の争いを招く事になる。そこで向後は、米子の町人が渡海する事を差し止める。そのような趣旨を申し伝え、松平伯耆守方に奉書を以て相達する事にした。[この事を、その方も、よく]心得えるように[と、ここに]申し達しをする。以上である。

　　正月二十八日

　　구상의 각(토다 야마시로노카미가 교우부 다이스케에게 말한 것)

선년부터 하쿠슈우 요나고의 정인이 죽도에 도해하여 지금에 이르기까지 어렵을 해왔다. 그런데 조선인도 역시 그 섬에 건너와서 어렵을 하게 되었다. 그렇다면 일본인과 [조선인이] 뒤섞이는 일은 [흔히 있을 수 있는 일이다. 그렇게 되면] 쓸모없는 분쟁이 일어나게 된다. 그래서 향후로는 요나고 정인이 도해하는 것을 금지한다. 그러한 취지를 전하여, 마쓰타이라 호우키노카미 측에 봉서를 보내 전달하는 것으로 했다. [이 일을 그쪽도 잘] 알아두도록 하[라고, 여기서] 전한다.
이상이다.

　정월 28일

(38-10)

〃右同日豊後守様〓直右衛門参上三沢吉左衛門〓遂対面御口上申達候
ハ私儀今日者於御前首尾能被成下御暇御懇之　上意蒙仰御馬拝領
難有仕合奉存候其後何茂様御前〓而も忝　上意之趣被仰渡重畳可申
上様も無之忝次第奉存候一通り之御礼者遂伺公申上置候へ共

(38-10)

〃右の同日(正月二十八日)豊後守様へ直右衛門が参上し、三沢吉左
衛門へ対面を遂げ[御隠居様からの]御口上を申し伝えた。[以下
のような]事である。私は今日、御前に於いて首尾能く御暇を頂
く事に成りました。御懇ろの上意を仰せ蒙り、御馬を拝領いた
しました。有り難き仕合せと存じております。其の後、何れの
方様からも、御前に於いて忝けない上意の御趣旨を仰せ渡さ
れ、幾重にも[感謝を申し上げます。]御礼の申し上げようもござ
いません。忝けない次第と思っております。一通りの御礼は[各
皆様方の御屋敷に]お伺いして申し上げて置きましたが、

(38-10)

〃위의 동일(정월 28일)에 분고노카미 사마에게 나오에몬이 찾아
뵙고, 미사와 요시자에몬을 대면하고 [은거하신 분의] 구상을 전
했다. [이하와 같은 것이다.] 나는 오늘 어전에서 원만하게 귀국
허가를 받게 되었다. 다정한 윗분의 뜻으로 말을 받았습니다. 감
사하고 행복하게 생각합니다. 그 후에 여러분한테서도 어전에서
황송하게 윗분이 생각하시는 취지를 들어 거듭 [감사의 말씀을

드립니다.] 감사의 말씀을 올릴 방법도 없습니다. 그저 감사할 뿐
이라고 생각하고 있습니다. 대강의 예의는 [모든 분들의 저택을]
찾아뵙고 말씀드려 두었습니다만

猶又此度の御上に仍て□□御隠居今日
□伝候に仍御付き□□を□御隠居へ
なを□□を以上へ□流十七□隠居に
口上を□御□□御付□申て御□
海海□□□□申を□□□御便を
□海□船新造り□其船□る
□海□に□秋□□も及可下り

猶又此段為可申上以使者申上候随而今日被仰渡候御書付之趣奉得其
意候依之存寄之通口上書を以申上候弥訳官^江口上を以申渡候様⁼被仰
付事⁼候ハ、訳官渡海とかく夏中⁼者罷成申間敷候子細者乗渡り候船
新敷造り候而其船⁼而乗渡り申候故秋末冬⁼も及可申候

猶又この事を[豊後守様へ]申し上げるべきと、使者を以て申し上げま
す。従って今日、仰せ渡された御書付の趣旨は、その御意向を承け、そ
れに沿うように致します。これに依り御承知の通りの事を、口上書を以
て申し上げます。[こうして]いよいよ訳官へは、口上を以て申し渡しを
する様、仰せ付けられる事になりました。訳官の渡海は、とかく夏中に
は渡海と成るような事はありません。その子細[を申し上げれば、あち
らでは使者派遣と決まれば]乗り渡る船を新しく造り、その船によって
[こちらに]乗り渡る事になっております。それゆえ[建造と艤装の期
間を考えれば]秋の末から、冬にも及ぶ事になると思います。

또 이 일을 [분고노카미 사마에게] 말씀드려야 한다고, 사자를 보내 말
씀드립니다. 따라서 오늘 지시하신 서부의 취지는, 그 의향을 듣고 그
것에 따르도록 하겠습니다. 이것으로 알게 된 그대로를 구상서로 해서
말씀드리겠습니다. [이렇게 해서] 결국 역관에게는 구상서로 전달하도
록 하라고 지시를 받는 일이 되었습니다. 역관의 도해는 어쨌든 여름
에는 도해하는 일이 없습니다. 그 자세한 것[을 말씀드리자면, 저쪽은
사자의 파견을 정하면] 타고 건널 배를 새로 만들어, 그것을 타고 [이
쪽으로] 건너오는 것으로 되어 있습니다. 그렇기 때문에 [건조와 의장
의 기간을 생각하면] 가을 말이나 겨울이 될 것으로 생각합니다.

左候ハ、申渡候与之御案内延引可仕候此段も為念申上置候将又先年
者御暇之刻重而参府之儀被仰付候今度者何之被仰渡も無御座候当秋゠
茂参府之儀相伺可申候哉今度毎より早く御暇被成下候此御用等早く
申渡候様゠被思召上候而之御事゠而も御座候哉左候ハ、来月十日前に
も発足可仕候哉若急゠発足不仕候而も不苦候ハ、来月中旬発足可仕奉
存候兼而

そうであるならば[あちらから訳官を]渡海させるという御案内[が来
る事]は[今暫く]延引する事でありましょう。この事も念のため申し
上げて置きます。はたまた先年、御暇をする時、再び参府する事を
仰せ付けられました。今度は何の仰せ渡しもございません。今年の
秋には参府の事を[改めて]お伺いすべきでございましょうか。今度
は、いつもより早く、御暇の御許しが下りました。これは[今回の]御
用を、早く[あちらに]申し渡す様にと、そのようなお考えによっての
御事で御座いましょうか。もしそうであるならば、来月の十日前[す
なわち初旬]にも[国元へ向け]出発を行うべきでございましょう。も
し急に出発しなくても良いのであれば、来月中旬にも出発したいと
思っております。兼ねてから

그렇다면 [저쪽에서 역관을] 도해시킨다고 하는 연락이 [오는 것은]
[조금] 늦어진다는 것이겠지요. 이것도 만일을 위해 말씀드려 둡니다.
그런데 선년에 휴가를 받았을 때는, 다시 참부할 것을 명받았습니다.
이번에는 어떤 지시도 없습니다. 금년 가을에 참부에 관한 일을 [다
시] 여쭈어야 할까요. 이번에는 어느 때보다 빨리 귀국허가가 내렸습

니다. 이것은 [이번의] 용건을 빨리 [저쪽에] 전달하도록 하라는 그러
한 생각일까요. 만일 그렇다면 내월 10일 전 [즉 초순]에라도 [국원
쓰시마를 향해] 출발해야 되겠지요. 만일 급히 출발하지 않아도 좋다
면 내월 중순에 출발하고 싶다고 생각하고 있습니다. 전부터

如申上候致参上懸御目諸事御礼申上度奉存候御登城之節御逢可被下
候由先頃被仰聞候何日比可致参上候哉御返答次第伺公可仕之由申上
候処御返答ニ被仰出候者訳官^江被仰渡候御口上書之儀者大形出来申候
得共今一篇何茂^江為見申候而其上相渡し可申与存扣置候重而従是御左
右可申候伯耆守殿^江申渡候儀者差急不申候共之儀与存候

申し上げたように[豊後守様の御屋敷に]参上し、御目に掛かり諸事の
御礼を申し上げたいと存じます。御登城の節[その直前のひととき]御
逢い下さるとの事を、先頃、お聞かせ頂きました。何日頃、参上致
したらよろしいのでしょうか。御返答の次第によって[その日限に]お
伺いを致します。このように[豊後守様に]申し上げた処、御返答とし
てお話し下さった事は[以下のような事であった。すなわち]訳官へ申
し渡す御口上書の事については、大方、出来上がっている。だが今
一度、この一篇を[御老中の]各位にお見せし[その御了解を得た]上で
[あちらに]渡すべきであろうと考えている。それゆえ[その旨を]控え
置き、これから再び[その一篇について、相談のため刑部大輔殿へ]御
連絡を行おうと思っていた。伯耆守殿へ申し渡す事は、差し急いで
申し渡さなくても、構わない事と思っている。

말씀드린 것처럼 [분고노카미 사마의 저택에] 참상하여 만나뵙고 여
러 가지 일에 대한 감사의 말씀을 드리고 싶다고 생각합니다. 등성하
실 때 [그 전에 잠깐] 만나주시겠다는 말씀을 지난번에 들었습니다.
며칠 경에 찾아뵈면 좋을까요. 반답에 따라 [그날에] 찾아뵙겠습니다.
이렇게 [분고노카미 사마에게] 말씀드렸더니, 답으로 해서 말해주신

것은 [이하와 같은 것이었다. 즉] 역관에게 건네줄 구상서의 일은 대개 완성되어 있다. 그러나 지금 다시 한 번 이 한 편을 [노중] 각위에게 보여서 [허락을 받은] 다음에 [저쪽에] 건네야 할 것이라고 생각하고 있다. 그러므로 [그 뜻을] 준비해두고 지금부터 다시 [그 1편에 대해 상담하기 위해 교우부 다이스케 토노에게] 연락하려고 생각하고 있다. 호우키노카미 토노에게 건네는 것은 서둘러 전하지 않아도 상관 없는 일이라고 생각하고 있다.

当秋御参府願可被仰上哉之由御尤ニ存候乍然夫ニ者及申間敷候先年之
通ニ御心得被成可然存候今度思召之外御暇出候付而早々御発足可被成
哉之由承届候已前ハ三月中使者も可被差渡歟之由被仰聞候故達御耳
候而早速御暇出申候得共御発足御急被成候ニ及申間敷候来月中旬ニ而
可然存候私宅江御出之儀被仰聞候兼而者登城之節可懸御目由

[お尋ねの]今年の秋には、御参府の願いを申し上げるべきかとの事は、
御尤もにも思う所である。然しながら、そのような御配慮は必要な
い。先年の通りに、御心得に成っておられれば、それでよいと思う。
今度は、思いの外、御暇の[御許しが早く]出たので、早々に御出発なさ
る由を承った。以前は三月中に[朝鮮へ]使者を差し渡す御心積りとの事
をお話し下さっていた。それが[上様の]お耳にも達したと思い、早速
御暇を御申し出になったのであろうが、その御発足は御急ぎに成ら
れなくても構わない。来月の中旬でよいと思う。私宅へ御出の事を
御聞かせいただいた。兼ねては登城の節に御目に掛かる事を、

[물으신] 금년 가을에는 참부의 원을 말씀드려야 하는 것인가의 일은
당연하다고 생각하는 바이다. 그러나 그러한 배려는 필요 없다. 선년
과 마찬가지로 생각하고 계시면 그것으로 좋다고 생각한다. 이번에는
의외로 휴가의 [허가가 빨리] 나왔기 때문에 서둘러 출발하신다는 이
야기를 들었다. 이전에는 3월 중에 [조선에] 사자를 보낼 생각이라는
말씀을 해주시고 있었다. 그것이 [윗분의] 귀에도 들어갔다고 생각하
고 서둘러 휴가의 신청을 내셨겠지만, 그 출발은 서두르지 않아도 상
관없다. 내월 중순이 좋다고 생각한다. 우리 집에 온다는 이야기를 들
었다. 전부터 등성하는 길에 만나는 것을

申達候得共緩々与御物語も仕候様゠存し祝候而料理をも進し申度候得
共其段ハ結句其元様御苦労゠茂可被思召候間夕飯過御出緩々与御語可
被成候当月者不得隙候とかく来月中旬迄ハ余日も御座候間従是日限
可申進之由被仰聞罷帰

申し達していたのであるが、緩々と御物語などもしたいし、祝って料
理などもお進めしたいと思うが、そのような事をすれば、結局そちら
様が気苦労に思われるであろうから、夕食を過ぎてから、こちらに御
出を頂きたい。そこで緩々と御語りなどを致したい。今月は[多忙の
ため]時間を取り難いが、とかく来月の中旬迄には[お会いしたいもの
である。]　まだ残された日も有る事であり、その間に日限を申し進め
たいと、そのような事をお話し下さった。ありがたく承り、罷り
帰った。

말하고 있었는데, 천천히 이야기도 하고 싶고, 축하하여 요리 등도 권
하고 싶다고 생각하는데, 그러한 일을 하자면 결국 그쪽이 어려울 것
으로 생각되므로, 저녁식사를 마치고 이쪽으로 나오셨으면 합니다.
그때 여유롭게 이야기 등을 하고 싶다. 금월은 [다망하여] 시간을 잡
기 어려우나 어쨌든 내월 중순까지는 [만나고 싶습니다.] 아직 남은
날도 있으니 그 안에 날짜를 정하고 싶다고 그러한 것을 말해주셨다.
고맙게 듣고 돌아왔다.

以上之覚

一今以四□舟□候筆所人竹腰不候
　御漆以成□□曽□□□筆□□如
　十上泛官渡海之列候以上之る可申
　御□□事

口上之覚

一　今日以御書付被仰渡候米子町人竹嶋へ罷渡致漁候儀被差留候与之

　　御事先頃如申上候訳官渡海之刻弥口上ニ而可申渡候哉之事

口上の覚

一　今日、御書付を以て仰せ渡された[事は、すなわち]米子町人が竹

　　嶋へ渡り漁をするのは[今後は]差し留められるという事でござい

　　ます。先頃、申し上げたように[朝鮮から]訳官が渡海して参りま

　　す。その時節に[御指示の通りを]いよいよ口上によって[訳官へ]

　　申し伝えようと思っております。

구상의 각

1. 오늘 서부로 지시된 [일은 곧] 요나고 정인이 죽도에 건너가 어렵

　　을 하는 것을 [금후로는] 금지한다고 하는 것입니다. 지난번에 말

　　씀드렸듯이 [조선에서] 역관이 도해해 옵니다. 그때에 [지시한 대

　　로를] 구상으로 [역관에게] 말하여 전하려고 생각하고 있습니다.

正月廿八日

宗刑部右衛

一 松平伯耆守^江以御奉書被仰付候由被仰渡候右如申上候訳官^江申渡
　　候様^ニ被思召候ハ、私方より訳官^江申渡候与之遂御案内候以後伯
　　耆守^江被仰付候得かしと奉存候若渡海被差留候段流布仕候而ハ
　　彼国^ニも可伝承哉与奉存候承候後申渡候而者如何敷奉存候故申
　　上候以上
　　　　　　正月廿八日　　　　　　　　宗刑部大輔

一 松平伯耆守へ御奉書を以て[この米子町人の渡海禁止の事を]仰せ
　　付けられる由[私に]仰せ渡しがございました。右に申し上げたよ
　　うに、訳官へ申し伝えるようにとのお考えがあり、私の方から
　　訳官へ申し伝えるようにとの御指示がございました。[それを承
　　けての事でございますが]以後、伯耆守へ[公儀から]仰せ付けて
　　頂きたいと思う事がございます。もし[米子町人の竹嶋への]渡海
　　を差し留める事が[世間に]流布してしまっては[おそらく]彼の国
　　にも[その事が]伝って行くと思います。そのような事を[世間の
　　話から朝鮮の朝廷が]知り、知った後に[こちらから、その事に
　　ついて]申し渡しをするようでは[あちらは]訝しく思う事でござ
　　いましょう。そのように思うので[伯耆守への仰せ付けの時期
　　について、御相談を]申し上げます^(註8)。以上
　　　　　　正月二十八日　　　　　　　宗刑部大輔

1. 마쓰타이라 호우키노카미에게 봉서를 보내 [이 요나고 정인의 도
　　해금지의 일을] 명받은 일을 [나에게] 명하는 일이 있었습니다.
　　위에서 말씀드렸듯이 역관에게 전하도록 하려는 생각이 있어,

제 쪽에서 역관에게 전달하도록 하라는 지시가 있었습니다. [그것을 듣고 난 후의 일입니다만] 이후로 호우키노 카미에게 [장군이] 지시해주셨으면 하고 생각하는 일이 있습니다. 만일 [요나고 정인이 죽도에 가는] 도해를 금지하는 일이 [세간에] 유포되게 되면 [아마도] 그 나라에도 [그 일이] 전해질 것으로 생각합니다. 그러한 일을 [세간의 이야기를 통해 조선 조정이] 알고, 알게 된 후에 [이쪽에서 그 일에 대해] 전달하는 일을 하게 되면 [저쪽에서] 이상하게 생각할 것입니다. 그렇게 생각하기 때문에 [호우키노카미에게 분부하시는 시기에 대해 상담할 것을] 말씀드립니다. 이상.

    정월 28일   소우 교우부 다이스케

(38-11)

〃同月廿九日直右衛門儀豊後守様より御用在之候間只今罷出候様ニ
与吉左衛門方より申来候故早速参上仕候処豊後守様御逢被遊訳
官江被仰渡候口上書御渡し被成思召寄之趣尤ニ存候達御耳候先日
被遣候口上書成程能候得共不入所省候而相認申候大旨者違無由ニ
而御読被遊候而此通ニ候已来殃仕出可申哉との儀抔除候

(38-11)

〃同月(正月)二十九日、直右衛門に、豊後守様から御用が在るので
只今罷り出る様にと、吉左衛門方から連絡が来た。そこで早速
参上致した処、豊後守様が御逢い下さり、訳官へ申し渡す口上
書を[直右衛門に]御渡しに成った。[そして、お話し下さった事
は、刑部大輔殿の]お考えの趣旨は尤もに思う。この[竹嶋一件に
ついては]すでに[上様の]御耳にも達している。先日、持参な
さった口上書は、成程よく、したためてあった。だが、なお入
らざる所を省き、したため直しておいた。大方の要旨は相違無
いので、御読み下さり、この通りに[お書き改めを]お願いした
い。文中の「以後、殃(わざわい)が生じるかもしれない」などと言
う所を除くように致した。

(38-11)

〃동월(정월) 29일에 나오에몬에게 분고노카미 사마가 용무가 있
으니 바로 지금 나오도록 하라고 요시자에몬 측에서 연락을 보
냈다. 그래서 서둘러 찾아뵈었더니 분고노카미 사마가 만나주시

167

며 역관에게 전할 구상서를 [나오에몬에게] 건네주셨다. [그리고,
말씀해주신 것은 교우부 다이스케가] 생각하시는 취지는 당연하
다고 생각한다. 이 [죽도일건에 대해서는] 이미 [윗분도] 알고 계
신다. 선일에 지참하신 구상서는, 정말 좋게 기록되어 있었다. 그
러나 다 필요 없는 곳을 생략하고 고쳐 기록해두었다. 대개의 요
지는 다름이 없기 때문에 읽어주시고, 이 대로 [다시 써줄 것을]
원한다. 문중의 [이후에 앙(재난)]이 생길지도 모른다] 등으로 말
하는 곳을 삭제하게 했다.

是ニ而相済申候書役之出家之儀其外何角思召寄被仰上候趣も入不申候
間左様ニ相心得候様ニ扨訳官渡海之儀やうたいニ船等新敷造り乗渡り候
故延々ニ罷成候間被仰渡候御案内延引可仕之由兼々中間出羽殿江も申
置候得共猶又右之趣御認吉左衛門迄可被遣候与被仰渡退出仕候

これで[文言の修正は全て]相済む事になった。[依頼のあった]書役の
出家の事や、その外、何かとお考えに成る事はあろうが、もう[一々]
報告をするような事は必要ない。そのように御心得なされたい。さ
て訳官の渡海の事であるが、その様態は、船などを新しく造り、そ
れで乗り渡って来ると言う事であり[その時期を考えれば、おそらく]
延々と季節が過ぎてからと言う事に成るであろう。また[渡って来る
という]御連絡も[これまた]延引のものであろう。そのような事を、
兼々から御仲間の衆や出羽守殿へも申し置いていたが、猶また右の
趣旨を[改めて]御したためして[こちらの]吉左衛門まで御遣わし下さ
れ。[仲間衆や出羽殿へも、その書付を以てお示ししなければならな
い。] そのような仰せ渡しがございました。[これを承り]退出いたし
ました。

이것으로 [문언의 수정은 모두] 끝나게 되었다. [의뢰가 있었던] 기록
을 담당하는 스님의 파견을 요구한 일이나 그 외에 무엇인가 생각하
는 일은 있겠지만, 이제는 [하나하나] 보고하는 것과 같은 일은 필요
없다. 그렇게 생각하시기를 바란다. 그런데 역관의 도해에 관한 일인
데, 그 양태는 배 등을 새로 건조하여 그것을 타고 건너온다는 것으
로 [그 시기를 생각하면 아마도] 한없이 계절이 지나고 나서라고 말

하는 것이 되겠지요. 또 [건너온다고 하는] 연락도 [역시] 늦어지겠지요. 그와 같은 일을 전부터 동료들이나 데바노카미 토노에게도 말해 두고 있었으나, 아직 위의 취지를 [다시] 기록하여 [이쪽의] 요시자에 몬에게 보내달라. [동료들이나 데바토노에게도 그 서부를 보여드리지 않으면 안 된다.] 그와 같은 지시가 있었습니다. [이것을 듣고] 퇴출하였습니다.

四海之義而勿使龍光

(38-12)

〃御渡被成候御書付左記

(38-12)

〃[朝鮮の訳官に]御渡しに成られる御書付を左に記す。

(38-12)

〃[조선의 역관에게] 건네주게 될 서부를 아래에 기록한다.

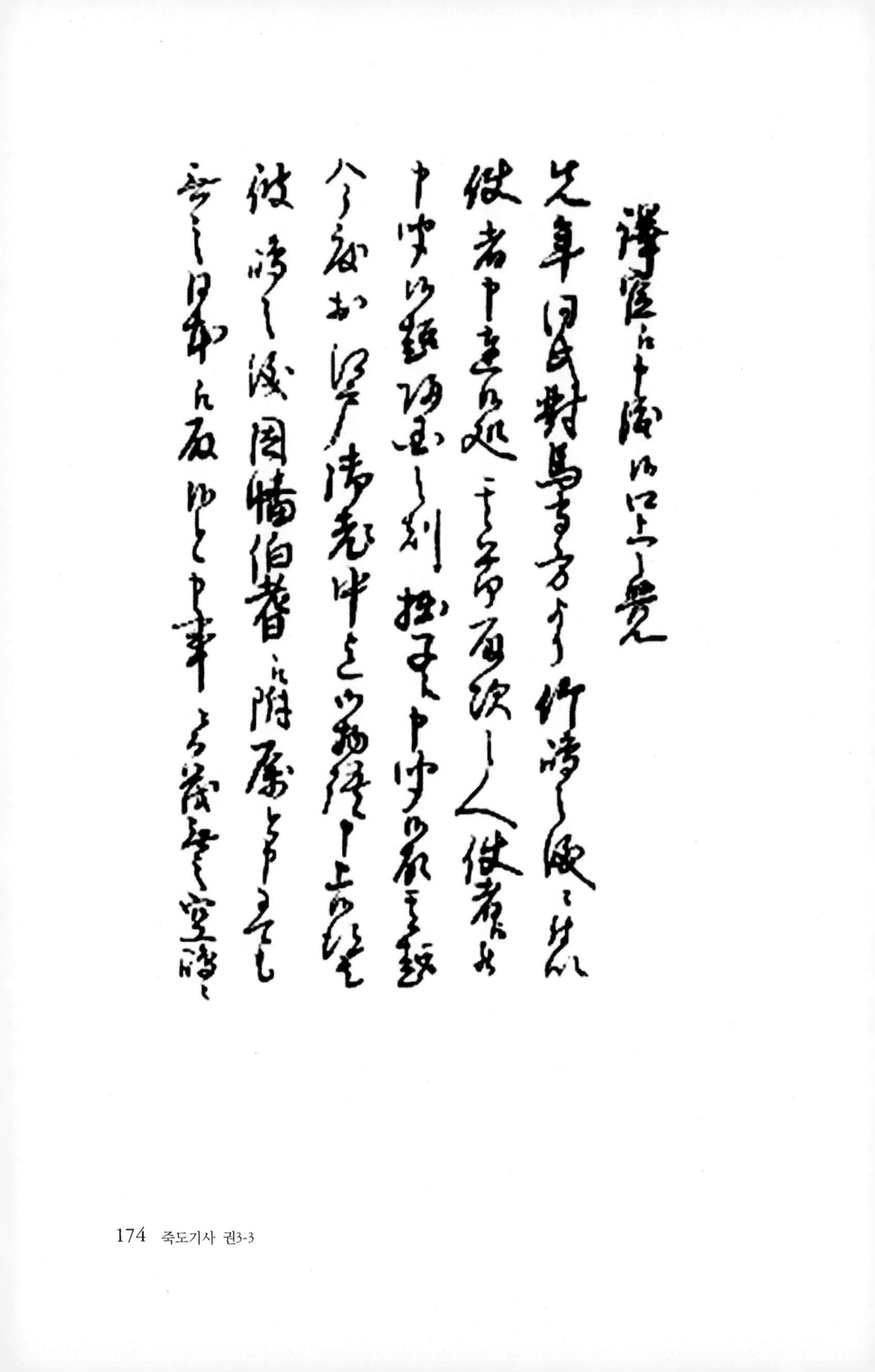

訳官^江申渡候口上之覚

先年同氏対馬守方より竹嶋之儀^ニ付以使者申達候処其節取次之人使者^江
被申聞候趣帰国之刻拙子^江申聞候故其趣今度於江戸御老中迄御物語申
上候得者彼嶋之儀因幡伯耆^江附属と申にても無之日本^江取候と申す事^ニ
而茂無之空嶋^ニ

訳官へ申し渡す口上の覚

先年、同氏(宗)対馬守方から、竹嶋の事に付き、使者を以て申し伝え
た[ことがある。それに対し]その節、取次人が使者へ申し伝えた趣旨
[があり、この使者が]帰国の折、拙者へ其の趣旨を申し伝えた。それ
ゆえ其の趣旨を今度、江戸に於いて御老中まで[拙者が]御物語をして
申し上げた。すると彼の島の事は、元々、因幡伯耆に附属した島と
言うわけでは無く、また日本へ取り込んだと言う島でも無い、ただ
の空島であった。

역관에게 전달할 구상의 각

선년에 동씨(소우) 쓰시마노카미가 죽도의 일에 대해 사자를 보내 전
한 [일이 있다. 그것에 대해] 그때 주선한 사람이 사자에게 말한 취지
[가 있어, 이 사자가] 귀국했을 때 졸자에게 그 취지를 말했다. 그렇기
때문에 그 취지를 이번에 에도에서 노중에게 [졸자가] 이야기를 해드
렸다. 그러자 그 섬은 원래 이나바 호우키에 부속된 섬이라고 말할
수 없고 또 일본이 취했다고 하는 섬도 아니다. 그저 공도였다.

候故伯耆之者罷渡致漁候迄〻候然処近年朝鮮人罷渡入交如何〻付最前
之通対馬守方より申遺候得共朝鮮ⁿ道程も近く伯耆よりハ程遠き由ⁿ
候間重而此方之漁民渡海不仕様可被仰付与之御事〻候間御誠信之段忝
可被存候以上

そこに伯耆の者が罷り渡り、漁を行っていたという迄であった。その
ような処に、近年、朝鮮人が罷り渡り[互いに]入り交じる事となっ
た。こうなっては、如何な事であろうかと思い、最前の通り、対島守
方から[貴国へ]申し入れを行った。だが[島は]朝鮮に道のりは近く、
伯耆からは程遠い由である。それゆえ再び、こちらの漁民が、渡海
を行わない様にと[そのように公儀は御判断なさり]御命じになられ
た。御誠信を以て、このように[ご判断をなさったので]この事を[そ
ちらは]忝なく思うべきである。以上

그곳에 호우키 사람이 건너가 어렵을 하고 있었다는 것일 뿐이었다.
그러한 곳에 근년에는 조선인이 건너와 [서로] 뒤섞이는 일이 되었다.
이렇게 되면 어떠한 일이 될 것인가를 생각하여, 최전과 같이 쓰시마
노카미가 [귀국에] 요구했다. 그러나 [섬은] 조선에 가는 길은 가깝고
호우키에서는 아주 멀다는 것이다. 그렇기 때문에 다시 이쪽 어민이
도해하지 않도록 하라고, [그렇게 장군은 판단하시고] 명하셨다. 성신
으로 이렇게 [판단하셨기 때문에] 이 일을 [그쪽은] 고맙게 생각해야
한다. 이상.

(38-13)

〃同月晦日昨日豊後守様より直右衛門江被仰聞候御口上書今朝直右
衛門致持参吉左衛門を以差上候所御請取被成候由御返答被仰出

(38-13)

〃同月(正月)晦日の事である。昨日豊後守様から直右衛門へお聞か
せ下さった[訳官渡海の時期についての]御口上書を、今朝、直右
衛門が持参し、吉左衛門を以て差し上げた。すると御請け取り
に成られ[その請け取りの]御返答を下さった。

(38-13)

〃동월(정월) 그믐의 일이다. 어제 분고노카미 사마가 나오에몬에
게 말씀해주신 [역관 도해의 시기에 대한] 구상서를 오늘 아침에
나오에몬이 지참하여 요시자에몬을 통해 바쳤다. 그러자 청취하
시고 [그 청취의] 반답을 내리셨다.

口上之覺

竹島之儀ニ付　沙汰之中渡り口上書以
此海上歐者細々罷下り候樣申上候
海陸所々の渡り申し候處以來御氣遣被成
申上候處　宗と船新造送り申候處
先例ニ被仰付候處秋ゟ末々ニ候延引
下ニも申ほいなくゥ案內てゝ及延引
此段兎角可申上候以上

正月晦日

　　　宗刑部大輔

口上之覚

竹嶋之儀ニ付訳官江申渡候口上書昨夕御渡被成委細被仰下候趣奉得其
意候訳官罷渡候儀随分差急候様ニ与可申遣候得共乗候船新敷造り罷渡
候先例ニ御座候故兎角秋之末冬ニ罷成可申与奉存候左候ハ、御案内可
及延引候此段為念申上置候以上

　　正月晦日　　　　　　　　　　宗刑部大輔

　口上の覚

竹嶋の事に付いて、訳官へ申し渡す口上書を、昨夕[こちらへ]御渡し
に成られ、委細を仰せ下されました。その御趣旨について、その御
意向のままに行います。訳官が渡って来る事について、随分と差し
急ぐ様に[あちらに]申し伝えますが、乗り船を新しく造り[その新造
船によって]罷り渡って来る先例で御座いますので、兎も角も[渡海
は]秋の末から冬の辺りに成る事と存じます。そうであれば[訳官が
渡って来るという、あちらからの]御連絡は[まだ遥かな先に]延引と
言う事になります。この事を念のため、申し上げて置きます。以上

　　正月晦日　　　　　　　　　　宗刑部大輔

　구상서

죽도의 일에 대해 역관에게 말을 전하는 구상서를 어제 석양에 [이쪽
에] 건네주시며 자세한 것을 말씀해주셨다. 그 취지에 대해 그 뜻대
로 행하겠습니다. 역관이 건너오는 것에 대해 약간 서두르도록 [저쪽
에] 전하겠습니다만, 타는 배를 새로 건조하여 [그 새로운 배로] 건너
오는 것이 선례이기 때문에, 어쨌든 [도해는] 가을 끝이나 겨울 경에

이루어질 것으로 생각합니다. 그렇다면 [역관이 건너온다는 저쪽의]
연락은 [아직 먼 뒷일로] 시간이 많다고 할 수 있는 일입니다. 이것을
만일을 위해 말씀드려 둡니다. 이상.

정월 그믐   소우 교우부 다이스케

≪解説≫

　註1、右の三様の対策とは、どのようなものか。その一は、この問題に触れず、構わぬままにしておくというもの。その二は、わざわざ欝陵島の事を申し入れることはない。何かに言付けて、別の形で申し入れを行うというもの。その三は、やはり一通り島のことについて申し入れるというものである。この何れを選択するのかと問うている。そして今のように重苦しい状態を続けるよりも、あっさり方針転換をしてはどうかと述べている。すなわち宗義真による強硬策の否定である。島のことについて申し入れるにしても、あくまでも融和策でというものである。

　위의 세 가지 대책은 어떠한 것일까. 그 하나가 이 문제에 언급하지 않고 상관하지 않은 것으로 해서 놓아두는 것. 그 두 번째가 일부러 울릉도의 일을 요구하지 않는다. 무엇인가에 같이 딸려서 다른 형태로 요구한다는 것. 그 세 번째는 역시 대체적으로 섬의 일에 대해 요구한다는 것이다. 그 어느 것을 선택할 것인가를 묻고 있다. 그리고 지금처럼 어려운 상태가 지속되는 것보다도 아예 방침을 전환하면 어떨까 라고 말하고 있다. 즉 소우 요시자네의 강경책을 부정하는 것이다. 섬에 대한 일을 요구한다 해도 어디까지나 융화책을 취하자는 것이다.

　註2、続く「口上之覚」で、こちらから竹嶋の事については、もう構わぬままの扱いにと、指示を下している。対馬守が死去した今は、もう再度の申し入れは不要であるという。その上で一通りの話

をあちらと行い、両国の良好な通交を維持するようにと命じている。すなわち先に提案した三様の対策が、ここに全て包含された形で指示となった。これが阿部豊後守の示す平和的な解決策である。元禄八年末に、平田直右衛門が示した提案を、これは承けたものである。それゆえ今一度、直右衛門は、それが自ら提案した日本人の渡海禁止を意味するものか、確認の問いを発する。そして了解を得た。

　계속되는「구상지각」에서 이쪽에서 죽도의 일에 대해서는 더 이상 관계하지 않는다는 지시를 내리고 있다. 쓰시마노카미가 사거한 지금은 다시 하는 요구가 불필요하다는 것이다. 그 위에 대강의 이야기를 저쪽과 나누어 양국의 우호적인 통교를 유지하도록 하라고 명한다. 즉 앞에서 제안한 세 가지 방법의 대책 모두가 포함된 형태의 지시였다. 이것은 아베 분고노카미가 보인 평화적인 해결책이다. 겐로쿠 8년 말에 히라다 나오에몬이 제시한 제안을 받아들인 것이다. 그렇기 때문에 지금 다시 나오에몬은 그것이 자신이 제안한 일본인의 도해 금지를 의미하는 것인가라고 확인하는 질문을 한다. 그리고 양해를 얻었다.

　註3、これは阿部豊後守の大英断である。話のつじつまが合わないことを百も承知で、この紛争を処理しようとする。少しばかり食い違いがあっても、事が重苦しく展開するより、平和に納まる方が良いという。そのような判断の上で踏み切った決断である。これは凡庸の行政官ではできないことである。

이것은 아베 분고노카미의 대영단이다. 이야기의 사리가 맞지 않는다는 것을 충분히 알고 평화적으로 수습하는 쪽이 좋다고 한다. 그러한 판단에서 단행한 결단이다. 이것은 범용의 행정관으로서는 할 수 없는 일이다.

註4、宗義真は、この阿部豊後守の方針に反対であった。それゆえ「今少し宜しい対処の仕方も有るようには思いますが」あるいは「十分の対処の仕方とは思っておりませんが」と、なおも不満の言葉をつぶやいていた。だが結局「そこを敢えて曲げ」と、しぶしぶ、この指示を了承した。

소우 요시자네는 아베 분고노카미의 방침에 반대했다. 그렇기 때문에 「현재 조금 좋은 대처방법이 있는 것처럼 생각합니다만」이라고, 불만의 말을 중얼거리고 있었다. 그러나 결국 「그곳을 일부러 굽혀서」라고 중얼거리며 이 지시를 받아들였다.

註5、御礼の書翰が来ないことも有り得ると述べた。日朝は対等の外交関係にある。ここでの遣り取りは対馬守と礼曹参判、大差使と接慰官、館守と東莱府使、裁判と判事(首訳)という対等な関係の相手と論が交わされる。その遣り取りの手段は、書簡に対しては書簡、口上(口頭)に対しては口上(口頭)の応答である。それゆえ対馬から解決策を口頭で伝えれば、朝鮮からは口頭で感謝の返事が来る。感謝の書簡の方は、この場合、無いと考えなければならない。感謝の書状が必要であれば、正式な書簡で対馬の側は、その解決策を伝

えなければならない。だが宗義真は、これを何とか口頭で伝えよう
とする。それは何故か。それは朝鮮からの第二次書翰が、様々な経
緯によって和館に留め置かれているからである。その留め置かれた
書翰を、対馬が請けた形にしたくないため、つまり解決策の伝達
を、それを承けた形の返書として扱いたくないため、書簡を送りた
くなかった。もしも書簡を送れば、一連の交渉の中の書簡となり、
その往復書簡の流れは、ここで異質な書簡の挿入となってしまう。
脈絡の繋がらない、整合性の取れない書簡となって、今後の日朝交
渉の汚点となり、記録に残ってしまう。それゆえ口頭で伝え、この
竹嶋一件を落着させようとした。あと朝鮮から謝書が来れば、第二
次書翰を無かった事として、一切無視する事ができる。そして、こ
の謝書こそが往復外交の返翰として、後々までの記録に残すことが
できる。そのような今後の慣例をも踏まえた、高度な外交的意図か
らの対応である。その意図を貫くためには、欝陵嶋の文字を削除す
るよう求めていたこれまでの外交方針とは別に、新たな外交の場
で、この事を伝達する必要があった。すなわち新たに朝鮮役となっ
た宗刑部大輔が江戸に赴き、新たに公儀と協議を行い、新たな外交
方針が、ここに決定された。その新たな決定事項を、目出度い就任
祝いの席上において、所信表明演説の如く口上によって、朝鮮の使
者に伝達するという形を取った。この新たな外交方針は、刑部大輔
の並々ならぬ努力に負う所が大であると、そのような事を付け加
え、この朝鮮の使者に、しっかりと謝書を要求するのである。

오레이(감사)의 서한이 오지 않는 일도 있을 수 있다고 말했다. 일조는 대등의 외교관계에 있다. 여기서 하는 교류는 쓰시마노카미와 예조참판, 대차사와 접위관, 관수와 동래부사, 재판과 판사(수역)라고 하는 대등한 관계의 상대와 의론이 이루어졌다. 그 교환의 수단은 서간에 대해서는 서간, 구상(구두)에 대해서는 구상(구두)의 응답이다. 그렇기 때문에 쓰시마가 해결책을 구두로 전하면 조선에서는 구두로 감사의 답이 온다. 감사하는 서간 쪽은, 이 경우, 없는 것으로 생각하지 않으면 안 된다. 감사의 서장이 필요하다면 정식 서간으로 쓰시마 측은 그 해결책을 전하지 않으면 안 된다. 그러나 소우 요시자네는 이것을 어떻게든 구두로 전하려고 한다. 그것은 어째서일까. 그것은 조선에서 제2차의 서한이 여러 가지 경위로, 화관에 놓아두고 있기 때문이다. 그 놓아둔 서한을 쓰시마가 받은 형태로 하고 싶지 않기 때문에, 즉 해결책의 전달을, 그것을 받은 형태의 반서로 취급하고 싶지 않기 때문에 서간을 보내고 싶지 않았다. 만일 서간을 보내면 일련의 교섭 중의 서간이 되어, 그 왕복서간의 흐름은 여기서 이질적인 서간의 삽입이 되고 만다. 맥락이 연결되지 않는 정합성이 없는 서간이 되어 금후 일조교섭의 오점이 되어 기록으로 남고 만다. 그렇기 때문에 구두로 전하여 이 죽도일건을 종결 지으려 했다. 뒤에 조선에서 서간이 오면 제2차 서한이 없었던 것으로 해서 일체 무시할 수 있다. 그리고 사서를 왕복외교의 반한으로 해서 후일까지의 기록에 남길 수 있다. 그러한 금후의 관례도 포함한 고도의 외교적 의도에서의 대응이었다. 이 의도를 관철시키기 위해서는 울릉도라는 문자를 삭제하도록 요구하고 있었던 지금까지의 외교방침과는 달리, 새로운 외교의 장에서 이 일을 전달할 필요가 있었다. 즉 새로 조선역이 된 교우부 다이스케가 에도에 가서, 새로 장군과 협의하여 새로운 외교방침이 여기서 결정되었다. 그 새로운 결정사항을 축하스러운 취임축하의 석상에서, 소신 표명의 연설처럼 구상으로 조선 사자에게 전달한다고 하는 형식을 취했다. 이 새로운 외교방침은 교우부 다이스케의 보통이 아닌 노력에 의지하는 곳이 많다고, 그러한 일을 덧붙여 조선의 사자에게 감사의 서신을 요구하는 것이다.

　註６、宗義真が朝鮮へは書簡ではなく口上(口上書)を以て伝えようとしているのに対し、阿部豊後守は口上(口上書)では感謝の書状が届かないのではないか、その感謝状が欲しいというこちらの意図が正しく伝わらないのではないかと、危惧を漏らしている。竹嶋一件についての方針変更と共に、この朝鮮への申し入れの方法についても、宗義真と阿部豊後守との間では、意見の相違がある。だが方針変更を受け容れた宗義真は、この申し入れの方法については、自らの意見を通した。一応、公儀の了解を取ったわけであるが、それを公儀の御命令という形で、朝鮮に伝えていく。だがそのためには、その内容についても公儀の了解を取らねばならない。それゆえ何度も文言が修正され、口上書の書き換えが阿部豊後守から要求された。

　소우 요시자네가 조선에는 서간이 아니라 구상(구상서)으로 전하려고 하고 있는 것에 대해, 아베 분고노카미는 구상(구상서)으로는 감사의 서장이 오지 않는 것 아닌가, 그 감사장이 필요하다는 이쪽의 의도가 바르게 전달되지 않는 것 아닌가라고 위구심을 나타내고 있다. 죽도일건에 대한 방침과 더불어 조선에 요구하는 방법에 대해서도 소우 요시자네와 아베 분고노카미 사이에는 의견의 상위가 있다.

그러나 방침 변경을 받아들인 소우 요시자네는, 이 요구하는 방법에 대해서는 자신의 의견을 통과시켰다. 일단 장군의 양해를 얻은 셈이나 그것을 장군의 명령이라고 하는 형태로 조선에 전달한다. 그러나 그러기 위해서는 그 내용에 대해서도 장군의 양해를 받지 않으면 안된다. 그래서 몇 번이고 문언이 수정되고, 구상서의 개서를 아베분고노카미에게 요구받았다.

註7、朝鮮との外交交渉に躓き、本来なら面目を潰された形の宗義真に対し、老中一同が褒めそやし、上様からは、ねぎらいの言葉も頂戴した。これは公儀が方針を変えた事で、これまでの話しと辻褄が合わなくなってしまい、交渉に苦慮した宗義真に対する、まさにねぎらいであった。「今少し宜しい対処の仕方も有るように思いますが」と、不満を口にした宗義真を説得し、無理矢理、公儀の方針に従わせた結果の埋め合わせである。38-01で阿部豊後守が語っていた「刑部殿は御律儀な方であるから、始め、そのようにと申し置いた処を、今更このようにとは、言い出し難いであろう。そのような御遠慮も、おそらく有るに違いない。だがその事は、少しの御遠慮もなさる必要は無い。我等[幕閣の面々]が宜しい様に、お取り計らいを行う積もりである」という事の、これはまさに、その具体化であった。

조선과의 외교교섭에 좌절하여 본래라면 면목이 없어진 소우 요시자네에게 노중 일동이 칭찬하고, 장군한테서는 위로의 말도 받았다. 이것은 장군이 방침을 바꾼 것으로, 지금까지 이야기와 조리가 맞지 않게 되어, 교섭에 고생한 소우 요시자네를 위로하는 그런 일이었다.

「현재 좀 더 좋은 대처방법도 있을 것 같다고 생각합니다만」이라고 불만을 말하는 소우 요시자네를 설득하여 무리하게 장군의 방침에 따르게 한 결과에 대한 수습이었다. 38-01에서 아베 분고노카미가 이야기하고 있었던 「교우부 다이스케는 성실한 분이라, 처음에 그렇게 말해둔 것을 이제서야 이렇게 말하는 것은 말하기 어려울 것이다. 그러한 생각도 아마도 가지고 있기 마련이다. 그러나 그 일은 조금도 걱정하실 필요가 없다. 우리들 [막각의 면면]이 좋도록 조처할 것이다」라고 말한 일이 있었다. 이것은 그것을 구체화한 것이다.

　　註8、松平伯耆守(池田綱清)への仰せ付けは、この元禄九年一月二十八日に行われた(鳥取藩『御用人日記』元禄九年一月二十八日条)。但し、これを米子商人に申し伝えることは、暫く待つようにと、そのような指示があった。そして米子商人の竹嶋に今後の渡海を禁止するという奉書が国元年寄(荒尾修理)に渡したのは元禄九年八月一日のことである(鳥取藩『控帳』元禄九年八月一日条)。

　마쓰타이라 호우키노카미(이케다 쓰나키요)에 한 지시는 겐로쿠 9년 1월 28일에 이루어졌다(톳토리한의『고요우닌닛키』겐로쿠 9년 1월 28일조). 단 이것을 요나고 상인에게 전달하는 것은 잠깐 기다려 달라고 하는 그러한 지시가 있었다. 그리고 요나고 상인의 죽도도해를 금지한다는 봉서가 쿠니모토 토시요리(아라오 슈우리)에게 건넨 것은 겐로쿠 9년 8월 1일의 일이다(톳토리한『히카에쵸우』겐로쿠 9년 8월 1일조).

○日九年六月廿三ゟ評定所中大久保
加賀守扱ニ付此方ゟ留ニ披見呼出ニ
作候而を朝鮮人隠候由ニ而誠ニ付候ニ
ト此段ハ因幡ニ訴候ゟ後左ニ申候
因幡人集り以候段多候得共一言
従史並記ニ名ハ大概ニ名ニ付
絢者度席方ニ付人金を以候子ゟ
因幡ニゟ名誠ニ様ニ朝鮮人ニ候候金一

【大綱三九段（元祿九年六月）】

(39-00)

○ 同九年六月廿三日於江戸御老中大久保加賀守様〓此方御留守居被
　召呼御直〓被仰渡候者朝鮮人隠岐国〓罷越御代官〓申聞候ハ因幡〓
　訴訟之儀在之候由〓而因幡〓参り候得共曾而言語通し不申候就夫
　通詞之者江戸大坂〓被召置候ハ、伯者守殿家来方〓申合せ同然〓
　早々因幡〓被差越候様〓朝鮮人言語通し

【大綱三九段（元祿九年六月）】

(39-00)

○ 同九年六月二十三日、江戸に於いて御老中大久保加賀守様から、
　こちらの御留守居が召し呼ばれた。そこで御直に仰せ渡されたの
　は、朝鮮人[の一行]が隠岐国へ罷り越した[一件であった。] [彼ら
　が隠岐の]御代官へ申した事は、因幡に対し訴訟の件が在り、そ
　れゆえ因幡へ参るのであるという。だが、おおよそ言語が通じ
　なかった。そのような事に就いて[の話であった。] 通詞である
　者を、江戸や大坂へ召し置いているのであれば、伯者守殿の
　[藩屋敷の]家来方へ[行き、そこで]申し合わせ同然にして早々
　に因幡へ[その通事を]差し遣わす様に[お願いしたい。] 朝鮮人
　は言語が通じ

【대강 39단(겐로쿠 9년 6월)】

(39-00)

○ 동 9년 6월 23일에 에도에서 노중 오오쿠보 카가노카미가 이쪽
의 루스이를 소환했다. 그리고 직접 지시하신 것은 조선인 [일
행]이 오키노쿠니로 건너왔다는 [일건이었다.] [그들이 오키의]
다이칸에게 말한 것은, 이나바에 소송할 일이 있어, 그래서 이
나바에 가는 것이라 한다. 그러나 대체적으로 말이 통하지 않았
다. 그러한 일에 대한 [이야기였다.] 통사라는 자를 에도나 오오
사카에 놓아두고 있다면 호우키노카미 토노의 [번 저택의] 가신
쪽에 [가서, 그곳에서] 상의하여 당연히 서둘러 이나바에 [그 통
사를] 보낼 것을 [부탁하고 싶다.] 조선인은 언어가 통

不申候付次郎殿^江者通事之儀一通り之事^二候委細者書付を以可申達候
惣而因幡州^江朝鮮人参り候ハ、長崎奉行所^江差越彼方^二而諸事申達候様^二
与御先代被仰付置候^二付此度も右之通因幡^二而申付候得共承引不致候
平生之漂流人与違ひ候付通詞之事被仰渡候与之儀也

難く[伯耆守殿の御家中は苦労をしておられるであろう。] 次郎(宗次
郎義方)殿[の御家中は]通事の事は一通り[苦労なく、なさっておられ
る]事と思うから[こうしてお願いするのである。] 委細については書
付を以て申し伝える事にする。一般的に言えば、因幡州へ朝鮮人が
参ったならば、長崎奉行所へ転送し、あちらで諸事を申し渡す事に
なっている。そのように御先代様(徳川家光)がお決めになられた事で
ある。それゆえ、この度も、右の通り因幡に於いて[長崎へ行くよう]
申し付けたのであるが[朝鮮人たちは]承引しなかった。平生の漂流人
と[今少し]違うので、通詞の派遣の事を[こうしてお願いするのであ
ると]そのような事情の仰せ渡しであった。

하기 어려워 [호우키노카미의 가신들은 고생하고 있을 것이다.] 지로
우(소우 지로우 요시미치)토노[의 가신들은 통사의 일은 일단 [어려움
없이 하고 계시는] 일이라고 생각하므로 [이렇게 부탁하는 것이다.] 자
세한 것은 서부로 전하기로 한다. 일반적으로 말하자면, 이나바슈우에
조선인이 왔다면 나가사키 봉행소에 전송하여, 저쪽에서 모든 것을
말로 전하는 것으로 되어 있다. 그와 같이 선대의 분(토쿠가와 이에
미쓰)이 정하신 것이다. 그렇기 때문에 이번에도 위와 같이 이나바에
서 [나가사키에 가도록] 지시했으나 [조선인들은] 받아들이지 않았다.

보통의 표류인과 [조금] 다르기 때문에 통사를 파견하는 일을 [이렇
게 부탁하는 것이라고] 그와 같은 사정의 지시였다.

(39-01)

〃六月廿三日加賀守様御内天野与三右衛門近藤兵太夫方より此方
　御留守居方へ手紙ニ而今日罷出候様ニ与申来候付御留守居鈴木半兵
　衛参上仕候取次鳥井雲八江致対面被召寄候付参上仕候由申達候処
　加賀守様御前江被召出御用之儀有之候間近く参候様ニ与被仰候付

(39-01)

〃六月二十三日、加賀守様の御家来の天野与三右衛門と近藤兵太
　夫方から、こちらの御留守居方へ、手紙を以て今日罷り出る様
　にと申し伝えが来た。そこで御留守居の鈴木半兵衛が参上し
　た。取次の鳥井雲八へ対面し、お召しがあり参上致しましたと
　申した処、加賀守様の御前へ召し出された。御用の事が有るの
　で近くに参る様にと[加賀守様が]仰せられた。

(39-01)

〃6월 23일에 카가노카미 사마의 가신 아마노 요사에몬과 콘도우
　효우다유 측에서 이쪽의 루스이 측에 편지를 보내, 오늘 나오도
　록 하라는 전달이 왔다. 그래서 루스이 스즈키 한베에가 참상했
　다. 주선하는 토리이 쿠모하치를 대면하고, 부름이 있어 참상했
　습니다 라고 말씀드려, 카가노카미 사마의 앞으로 불려 나갔다.
　용건이 있으니 가까이 오라고 [카가노카미 사마가] 지시하셨다.

御側江伺公仕候得者次郎殿江加賀守申候朝鮮人隠岐国江参代官共江因幡江訴詔之儀有之候与申候付其通りを隠岐国より伯耆江申越朝鮮人伯耆江罷越夫より因幡江参り候得共曾而言葉通し不申候就夫御当地大坂ニ被差置候通事御座候ハ、因幡江明日成共明後日成共

御側へ伺候すると、次郎殿へ[依頼する事があり]加賀守が申すので[それを伝えて欲しいとの事であった。すなわち、この度]朝鮮人が隠岐国へ参り、その代官どもへ申した事は、因幡へ訴訟の儀が有ると言う事であった。それゆえ、その通りを隠岐国から伯耆へ申し伝えて来た。[その後]朝鮮人は伯耆へ罷し越し、それから因幡へと参ったが、おおよそ言葉が通じ無かった。それに就いて、御当地[の江戸、そして]大坂[の対馬藩屋敷]に、もしも通事が差し置かれているならば、因幡へ明日なりとも明後日なりとも、

옆으로 다가갔더니 지로우토노에게 [의뢰할 일이 있어] 카가노카미가 말하겠으니 [그것을 전해주었으면 한다는 것이었다. 즉 이번에] 조선인이 오키노쿠니에 와서, 그 다이칸들에게 말한 것은, 이나바에 소송할 것이 있다는 것이었다. 그래서 그 일을 오키노쿠니가 호우키에 전했다. [그 후에] 조선인은 호우키로 건너와, 그리고 이나바에 왔으나 대체적으로 말이 통하지 않았다. 그것에 대해, 당지의 [에도, 그렇지 않으면] 오오사카[의 쓰시마 번저]에 혹시라도 통사를 두고 있으면 이나바에 내일이라도 모레라도

伯耆守殿家来方迄参り申合一所ニ因幡^江可被遣候朝鮮人共申所通し不
申候付次郎殿^江者通事之儀一通り之事ニ候書付を以可申進与存候得共
得与致了簡可申進与存無其儀候明日八ツ時又々其方可被差越候委細
書付を以可申進候惣而因幡国^江

伯耆守殿の家来方まで参り[その藩屋敷で]申し合わせをし、一緒に因
幡への派遣という事をお願いしたい。朝鮮人どもが申す所を[何とか
理解しなければならないが、どうにも言葉が]通じ難い。次郎殿[の御
藩]では、通事の事は一通りの[人材が揃っているようであり、それゆ
え依頼をするという]事である。[本来]書付を以て申し進めるべき事
と思っているが、じっくりと思案をして申し進めるような[時間的余
裕の有る]事では無い。明日八ツ時に、又々その方へ[御連絡を]差し
上げようと思う。委細は[その折]書付を以て申し伝える事にする。一
般的に言えば、因幡国へ

호우키노카미 토노의 가신 쪽에 가서 [그 번저에서] 상의하여, 같이
이나바에 파견한다는 것을 부탁하고 싶다. 조선인들이 말하는 것을
[어떻게든 이해하지 않으면 안 되는데, 아무래도 언어가] 통하기 어렵
다. 지로우 토노[의 번저]에는 통사의 일은 그런 대로 [인재를 갖추고
있는 것 같아, 그래서 의뢰한다는] 것이다. [본래] 서부로 말해야 한다
고 생각하고 있으나 천천히 생각해서 상의할 만한 [시간적 여유가 있
는] 것이 아니다. 내일 15시에 다시 그쪽에 [연락을] 올리려고 생각한
다. 자세한 것은 [그때] 서부로 전달하기로 한다. 일반적으로 말하자
면 이나바에

朝鮮人参り候ハヽ、長崎奉行所江差越彼方ニ而諸事申達候様ニ与　御先代
より被仰付置候ニ付此度も之通り因幡ニ而申付候得共承引不致候常之
漂流人与違因幡江訴詔ニ参候ニ付通事之儀申進候旨御意被成候付半兵衛
申上候ハ御意之趣次郎江可申聞候乍去御当地大坂京都ニ差置候家来共
之内通詞仕候者有御座間敷与奉存候被仰付候趣次郎ニ申聞追而可

朝鮮人が参ったならば、長崎奉行所へ転送し、あちらで諸事を申し
渡す事になっている。そのように御先代様がお決めになった事であ
る。それゆえ、この度も、右の通り因幡に於いて[長崎に行くよう]申
し付けたのであるが[朝鮮人たちは]承引しなかった。平生の漂流人と
違い[この度は、わざわざ]因幡へ訴訟に参ったという事であり[前例
の通りにはならない。それゆえ]通事の派遣の事を[こうして]申し進
めるのであると、その旨の御指図があった。そこで半兵衛が申し上
げた事は、御考えの御趣旨を[早速、罷り帰り]次郎へ申し伝えます。
しかしながら、御当地[の江戸、ならびに]大坂や京都[の藩屋敷]に、
差し置いている家来どもの内には、通事の御役目を果たす者は居ない
と存じます。御指示の御趣旨に付いては、次郎に申し伝え、追って

조선인이 왔다면 나가사키 봉행소로 전송하여, 저쪽에서 모든 일을
말하는 것으로 되어 있다. 그렇게 선대 분들이 정하신 일이다. 그래서
이번에도 위와 같이 이나바에서 [나가사키로 가도록 하라고] 지시했
으나 [조선인들이] 받아들이지 않았다. 보통의 표류인과 달리 [이번에
는 일부러] 이나바에 소송하기 위해 왔다는 것이라 [전례대로는 되지
않는다. 그렇기 때문에] 통사 파견의 일을 [이렇게 말]하는 것이라고,

그런 취지의 지시가 있었다. 그래서 한베에가 말씀 드린 것은, 생각하시는 취지를 [서둘러 돌아가] 지로우에게 전하겠습니다. 그러나 당지의 [에도 및] 오오사카나 쿄우토[의 저택]에 놓아둔 가신들 중에는 통사의 역할을 수행할 자는 없다고 생각합니다. 지시한 취지에 대해서는 지로우에게 전하여 바로

(可)申上候由申上候其節松平伯耆守様御留守居吉田平馬半兵衛より先ニ
加賀守様御側ニ被召出置加賀守様平馬ニ御意被成候ハ兎角達而因幡江訴
詔可申上与朝鮮人申候ハヽ於因幡取上不被成候而者成間敷候半兵衛
儀諸事平馬江申談候様ニ与被仰付両人共ニ御次ニ退候

[それについての]御報告を申し上げますと、そのように申し上げてお
いた。その節、松平伯耆守様の御留守居の吉田平馬が、半兵衛より
先に加賀守様の御側に召し出されていた。加賀守様が平馬に、その
御考えとして示された事は、どうあっても因幡で訴訟を申し上げた
いと朝鮮人が申しているのであれば、兎も角も、因幡に於いて[その
話を]取り上げなくては成らないであろう。半兵衛に対しては、諸事
を平馬と相談するようにと、そのように御命じになられた。そして
両人が共に御次の間に退いた。

[그것에 대한] 보고를 말씀드립니다 라고 그렇게 말씀드려 두었다. 그
때 마쓰다이라 호우키노카미 사마의 루스이 요시다 헤이마가 한베에
보다 먼저 카가노카미 사마의 옆으로 불려가 있었다. 카가노카미 사마
가 헤이마에게, 그 생각으로 해서 지시하신 것은 어떻게든 이나바에서
소송을 올리고 싶다고 조선인이 말하고 있는 것이라면, 어쨌든 이나바
에서 [그 이야기를] 취급하지 않으면 안 될 것이다. 한베에에게는 모
든 일을 헤이마와 상담하도록 하라고 그렇게 명령하셨다. 그리고 양
인이 같이 쓰기노마(다른 공간)로 물러나왔다.

(39-02)

〃御次ニ而吉田平馬ニ様子半兵衛相尋候処平馬申候ハ隠岐国より朝
鮮人十一人船一艘ニ乗六月四日伯耆江着船仕候内五人出家ニ而御
座候伯耆ニ差置候家老方より因幡江茂早々申越候　御先代より此方ニ
而者何事も不取上長崎御奉行所江遣候様ニ与被仰付置候付因幡江参
り候ニ及不申候由申聞候得共致立腹水竿ニ而

(39-02)

〃御次[の間]で半兵衛が吉田平馬に様子を尋ねた処、平馬が申した
のは、隠岐国から朝鮮人十一人が船一艘に乗り、六月四日、伯耆
へ着船した。その内五人は出家である。伯耆に差し置いている家
老方から、因幡へ早々に連絡が入った。御先代から[の御決定で]
こちらでは何事も取り上げず[異国人の事は総て]長崎御奉行所
[で取り扱う事になっている。それゆえ、そちら]へ遣わす様にと
の御指示である。[彼の者たちに]因幡へ参る必要は無いと、その
ような事を申し聞かせたが、立腹し、水竿で

(39-02)

〃오쓰기노마에서 한베에가 요시다 헤이마에게 상황을 물었더니,
헤이마가 말한 것은, 오키노쿠니에서 조선인 11인이 1척의 배를
타고 6월 4일에 호우키에 착선했다. 그중의 5인은 출가한 스님이
다. 호우키에 배치해둔 가로 측에서 이나바에 서둘러 연락을 보
냈다. 선대부터[의 결정이 있어] 이쪽에서는 어떤 일도 취급하지
않고 [이국인의 일은 모두] 나가사키 봉행소[에서 취급하는 것으

로 되어 있다. 그래서, 그쪽으로] 보내도록 하라는 지시이다. [그
자들에게] 이나바에 갈 필요가 없다라고, 그러한 것을 이야기했
으나 화를 내고 삿대로

此方へ走者を召捕一揆を斗先へ差出し候ニ付

胡乱船三十艘余も集り居候由中々絵図

ニ而胡乱人囲居ん者ニ而候挟一人ゟ内

先年竹嶋ニ集られ胡乱人（アイヌ）二百十余

溜事業内をも新羅大形星牟を盛ニ

ニ而溜汲ニ厦ニ而元揺ニ滅ニ四百居候

突、より厦か候を拘られ候を元揺ニ成

何居ニ里ゟ心ニ狼平上付何事も云候

此方之者を打倒し我々斗先ニ参候竹嶋ニ者朝鮮船三十艘余も参り居候
由申候付翌五日ニ朝鮮人因幡遣し申候拾一人之内先年竹嶋江参り候朝
鮮人アンヒチヤク諸事案内をも能存大形日本言葉を申候訴詔之儀者
其元様之儀ニ而御座候様ニ聞へ申候乍去加賀守様江者其元様之儀何角与
申候とハ難申上候付何事も言葉

こちらの者を打ち倒すような事があった。そして言う事には、我々ば
かりが先に、こちらに参ったが、竹嶋には朝鮮の船が[訴訟のため]三
十艘余りも参って居ると、そのように申して来た。翌五日には、朝鮮
人たちは因幡へ到着した。拾一人の内には、先年、竹嶋へ渡って来た
朝鮮人の一人、アンヒチヤクという人物がいる。諸事について、よ
く事情に通じており、おおよそながら日本言葉を話すことができ
る。[その者の言によれば]訴訟の事は其元様(対馬藩)の事であると、
そのような事が[こちら江戸の藩邸まで]聞こえて来た。しかしながら
加賀守様へは、其元様の事であるなどという事は申し上げ難いの
で、何事も言葉が

이쪽 사람을 때려눕힐 것 같은 일이 있었다. 그러면서 말하기를, 우리
들이 우선 이쪽에 왔으나 죽도에는 조선인 배가 [소송하기 위해] 30
여 척이 와 있다고 그렇게 말했다. 다음 5일에는 조선인들이 이나바
에 도착했다. 11인 중에는 선년에 죽도에 건너온 조선인 1인 안히챠
쿠라는 인물이 있다. 모든 일에 대한 사정을 잘 알고 있으며, 대체적
으로 일본말을 이야기할 수 있다. [그자의 말에 의하면] 소송의 일은
그쪽 분(쓰시마 한)에 관한 일이라고 그러한 말이 [이쪽 에도번저까

지] 들려왔다. 그러나 카가노카미 사마에게는 그쪽 분의 일이라는 것 등은 말하기 어렵기 때문에 모든 것이 말이

通し不申候由申上候就夫加賀守様御意被成候ハ筆談ニ而埒明可申儀候
筆談者不仕候哉与被仰候付筆談を仕候而者訴詔之儀を受込候同前ニ御
座候故筆談不仕候旨申上候兎角其元様之儀何角与申候間因幡江通事侍
衆を被遣可然奉存候アンヒチヤクを先年竹嶋江

通じないのでと申し上げておいた。それに就いて、加賀守様の御考え
に成られた事は、筆談を行えば事情が分かるのではないか。筆談は行
わなかったのかと、そのように仰せられた。そこで、筆談を行って
は、訴訟の事を受け付けたと同前の事になります。それゆえ筆談を致
しませんでしたと申し上げておいた。兎も角も[朝鮮人どもは]其元様
の事について何かと申しているので、因幡へ通事や侍衆を遣わせ、然
るべき[対策]をお願い致す。アンヒチヤクが先年、竹嶋へ

통하지 않기 때문이라고 말씀드려 두었다. 그것에 대해 카가노카미
사마기 생각하신 것은, 필담을 하면 사정을 알 수 있는 것 아닌가. 필
담은 행하지 않았는가라고 그렇게 말씀하셨다. 그래서 필담을 하면
소송의 일을 접수한 것과 같은 일이 됩니다. 그래서 필담을 하지 않
았습니다라고 말씀드려 두었다. 어쨌든 [조선인들은] 그쪽(쓰시마) 태
수의 일에 대해 무엇인가를 말하고 있기 때문에, 이나바에 통사나 시
중을 보내, 적당한 [대책]을 부탁합니다. 안히챠쿠가 선년에 죽도에

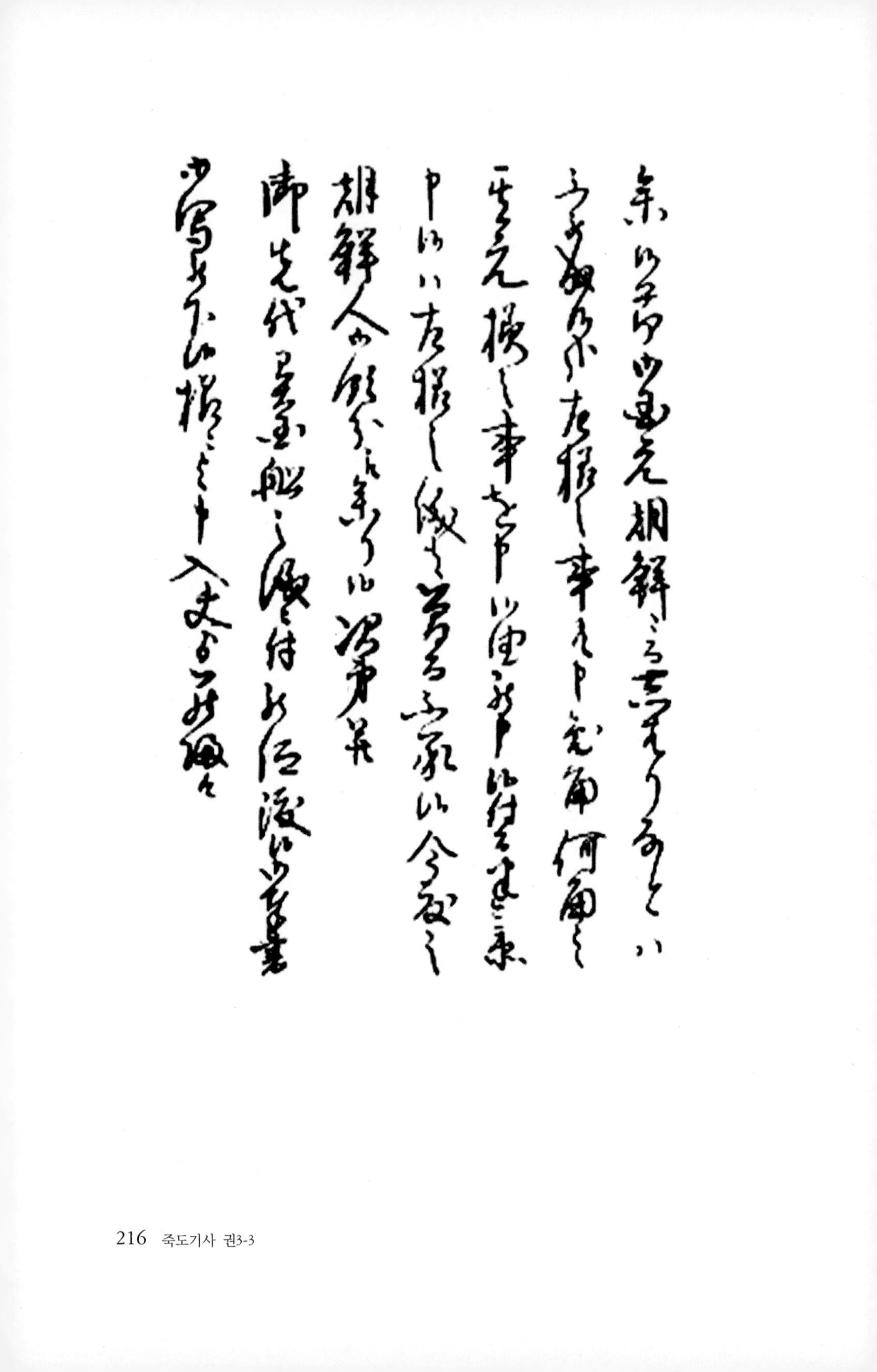

参候節御国元朝鮮ニ而しはりなとハ不被成候哉左様之事共申兎角何角
与其元様之事を申候由被申候付而半兵衛申候ハ左様之儀者曾而不承候
今度之朝鮮人御領分江参り候次第并　御先代異国船之儀ニ付被仰渡候御
奉書御写被下候様ニ与申入夫より罷帰ル

参った折、御国元や朝鮮に於いて[彼を]縛り付けるなど[厳しい取り調
べなどは]成されなかったであろうか。そのような[非難めいた]事など
を話していた。兎角、何かと其元様の事を[非難するような事を彼ら
は]申している。そこで半兵衛が申した事は、そのような[他国から訴
訟となるような]事があるなどとは、おおよそ聞いた事がない。今度
の朝鮮人が[日本の]御領分へ参った次第、ならびに御先代様が異国船
の事に付き御指示下さった御奉書の写しなどを[こちらに]下さる様、
申し入れをし、それから罷り帰った。

왔을 때, 쿠니모토(쓰시마)나 조선에서 [그를 포박]하는 등 [엄한 취조
등은] 하시지 않으셨는지. 그 같은 [비난 같은] 것 등을 말하고 있었
다. 어쨌든 무엇인가 당신 쪽의 일을 [비난하는 것 같은 것을 그들은]
말하고 있다. 그래서 한베에가 말한 것은, 그와 같은 [타국에서 소송
이 될 말한 것 같은] 일이 있었다는 것 등은 대체적으로 들은 일이 없
다. 이번의 조선인이 [일본의] 영역에 왔다는 것 자체, 그리고 선대 분
이 이국선의 일에 대해 지시를 내린 봉서의 사본 등을 [이쪽에] 주실
것을 요구하고, 그리고 돌아갔다.

(39-03)

〃同日右之趣加賀守様被仰渡候為御請半兵衛儀加賀守様^江致参上近
藤兵太夫^江致面談宗次郎申上候先刻家来之者被召寄被仰聞候趣具
^ニ承知仕候扨又明八ツ時御宅^江家来可差上旨奉得其意候先刻被仰
付候通事之儀御当地大坂京都^ニ差置候家来共之内吟味仕候得共朝
鮮人通詞仕候者無御座候由申上候処

(39-03)

〃同日、右の趣旨を加賀守様から仰せ渡された。御請の為、半兵
衛が加賀守様の所へ参上し、近藤兵太夫と面談した。宗次郎か
ら申し上げます。先刻家来の者が召し寄せられ[お考えを]お聞かせ
いただきました。その御趣旨について、具に承知を致しました。
さて又、明日八ツ時分に、御宅へ家来を差し上げるよう、その旨
を承け、仰せの通りに致します。先刻、仰せ付けられた通りの事
についてですが、御当地[の江戸、ならびに]大坂、京都に差し置い
た家来どもを調べましたが、朝鮮人通詞の御役目を果たせる者
は居りませんでした。そのように[加賀守様方へ]申し上げた処、

(39-03)

〃동일에 위의 취지를 카가노카미 님이 명하셨다. 그것을 받기 위
해 한베에가 카가노카미 사마의 곳에 참상하여 콘도우 효우타이
후와 면담했다. 소우 지로우가 말씀드립니다. 선각에 가신이 불
려가 [생각하시는 것을] 들었습니다. 그 취지에 대해서는 잘 알
았습니다. 그런데 또 내일 15시에 댁으로 가신을 보내도록 하라

는 그러한 뜻을 들었으므로 말씀하신 대로 하겠습니다. 선각에
말씀하신 일에 대한 것입니다만 당지 [에도 및] 오오사카, 쿄우
토에 배치해둔 가신들을 조사해보았습니다만 조선인 통사의 역
할을 수행할 수 있는 자가 없었습니다. 그렇게 [카가노카미 사마
측에] 말씀드렸더니

押付御返答ニ先刻御家来召寄申進候儀ニ付被入御念候御使者口上之趣
致承知候明日八ツ時又々御家来私宅江被遣候様ニ与申進候段御聞届被
成候由被仰下得其意候朝鮮人通詞仕候者御当地京大坂江被差置候御家
来之内ニ無御座候由被仰聞候左候ハヽ御国元か

まもなく御返答があった。先刻、御家来を召し寄せ申し伝えた事に
付いて、御念を入れられた御使者の報告があり、その口上の趣旨に
ついては承知を致した。明日八ツ時に、又々御家来を私宅へ遣わさ
れる様に[そちらに]申し伝えたが、その事を御聞き届けに成られた由
[こちらに]お伝え下さり、御同意をいただいた。また朝鮮人通詞の役
目を果たす者が、御当地の江戸、京、大坂に差し置かれた御家来の
内には居ないとの由を、お伝え下さった。そうであれば、御国元か

곧 반답이 있었다. 선각에 가신을 불러 전달한 것에 대해 신경을 쓴
사자의 보고가 있어, 그 구상의 취지에 대해서는 알았다. 내일 15시에
또 가신을 우리 집에 보내도록 하라고 [그쪽에] 전달했으나 그것을
들으셨다는 것을 [이쪽에] 전해주셔서 뜻을 알았다. 또 조선인 통사의
역할을 수행할 자가 당지 에도, 쿄우토, 오오사카에 배치해둔 가신 중
에는 없다는 것을 전해 주셨다. 그렇다면 쿠니모토(쓰시마)나

長崎^江被差置候通詞之者少も早く因幡^江被遣候御手寄之方^江早々可被仰
遣由加賀守被申候与被申聞候付半兵衛申候ハ委細奉畏候次郎^ニ具可申
聞候当分朝鮮御用之儀者刑部大輔^ニ被仰付置候間刑部大輔方^江茂可申
越候此段ハ御自分様^江申入候通事之者国元か長崎より

長崎へ差し置かれた通詞の者を、少しでも早く因幡へ派遣していただ
きたい。御手元に居られる方へ、早々に御命じになられ[御国元か長
崎へ連絡し、通辞の者を因幡へ]遣わすようなさっていただきたい。
このように加賀守が申していたと[取次の近藤兵大夫から使者の半兵
衛は]聞かされた。それに付いて半兵衛が申した事は、委細を畏まっ
て承りました。次郎に具に申し伝えます。当分の間、朝鮮の御用の事
は[公儀から]刑部大輔が命じられておりますので、刑部大輔方へも[こ
の事を]申し伝えるように致します。この事については、貴方様へ[因
幡へ派遣すると]申し入れ置いた通事の者を、国元か長崎から、

나가사키에 배치된 통사를 조금이라도 빨리 이나바에 파견했으면 한다.
가까이 있는 자에게 서둘러 명하시어 [쿠니모토(쓰시마)나 나가사키에
연락하여 통사를 이나바에] 보내도록 해주었으면 한다. 이처럼 카가노
카마가 말씀했다고 [주선하는 콘도우 효우타이후한테 사자 한베에가]
들었다. 그것에 대해 한베에가 말한 것은 자세한 것을 잘 들었습니다.
지로우에게 자세히 전하겠습니다. 당분간 조선에 관한 용건은 [장군한
테] 교우부 다이스케가 명받았으므로, 교우부 다이스케 측에도 [이 일
을] 전하도록 하라고 하겠습니다. 이 일에 대해서는 귀하에게 [이나바에
파견한다고] 요구했던 통사를, 쿠니모토(쓰시마)나 나가사키에서

因幡^江直^二遣し申候而者如何可有御座候哉御当地^江召寄差越申候而者日
数延引可仕候しかしなから御当地^江召寄得与申聞せ候而差越不申候而
者無覚束存候兎角此段者追而御伺可申上与申候得者両様共^二御尤存候
委細者明日加賀守可被申談候由被申罷帰ル

直接因幡へ遣わしては[事情が分からないだけに]如何なものでござい
ましょうか。[一方]御当地へ[一旦]召し寄せ[事情を説明し、その上で
因幡へ]派遣しては[その間の]日数は延引となってしまいます。しか
しながら御当地へ召し寄せ、しっかりと[事情を]申し聞かせ[その上
で]派遣をしなければ[御役目を果たす事も]覚束無く思います。[いず
れが良いのか、判断に迷うところでございます。] 兎も角も、この事
は、追って御伺いを立て、申し上げたいと思います。そのように申
し上げた所[そのような]両様[の呼び寄せ方については]共に尤も[の理
由があるよう]に思う。委細は明日、加賀守からの申し入れがあるで
あろうと申されたので、罷り帰った。

직접 이나바에 파견해서는 [사정을 알지 못하여] 어떠할까요. [한편]
당지에 [일단] 불러들여 [사정을 설명하고 그런 다음에 이나바에] 파
견하면 [그동안의] 일수는 늘어나고 맙니다. 그러나 당지에 불러 자세
히 [사정을] 들려주고 [그런 다음에] 파견하지 않으면 [역할을 수행
하는 일도] 불안하다고 생각합니다. [어느 것이 좋을까 판단을 주저
하고 있습니다.] 어쨌든 이 일은 계속해서 질문하며 말씀드리고 싶다
고 생각합니다. 그렇게 말씀드렸더니 [그와 같은] 두 가지[의 불러들
이는 방법에는] 모두 당연[한 이유가 있을 것으로] 생각한다. 자세한

것은 내일 카가노카미의 요구가 있을 것이라고 말씀하셨으므로 돌
아왔다.

(39-04)

〃松平伯耆守様御留守居吉田平馬方より来候書付左ニ記之

(39-04)

〃松平伯耆守様の御留守居である吉田平馬方から書付が来た。左
にこれを記す。

(39-04)

〃마쓰다이라호우키노카미 사마의 루스이 요시다 헤이마 쪽에서
서부가 왔다. 아래에 이것을 기록한다.

覚

一 朝鮮人之船一艘五月廿日隠岐国㕥着岸依之御代官後藤角右衛門殿
　手代中瀬弾右衛門山本清右衛門より伯耆国役人共方㕥以飛札右朝
　鮮人伯耆国㕥願之儀有之罷越二付知せ申由申来候此返事国元家老
　共より差遣候内二早朝鮮人

覚

一 朝鮮人の船が一艘、五月二十日に隠岐国へ着岸した。これに依
　り、御代官の後藤角右衛門殿の手代である中瀬弾右衛門と山本
　清右衛門から、伯耆国の役人ども方へ、飛札を以て[申し伝え
　て来た。すなわち]右の朝鮮人は伯耆国へ訴願の事が有り、渡
　来して来た。その事を、お知らせするとの事を連絡して来た。
　この返事を国元家老どもから[隠岐代官へ]差し遣わそうとする
　内に、早くも朝鮮人が

오보에

1. 조선인의 배 1척이 5월 20일에 오키노쿠니에 착안했다. 이 때문
　에 다이칸 고토우 카쿠에몬토노의 테다이 나카세 단에몬과 야마
　모토 키요에몬이 호우키노쿠니의 역인들에게 비찰을 보내 [알려
　왔다. 즉] 위 조선인은 호우키노쿠니에 소송할 것이 있어 도래했
　다. 그 일을 알린다고 연락했다. 이 답을 쿠니모토(톳토리)의 가
　로들이 [오키 다이칸에게] 보내려고 하는 사이에, 빨리도 조선
　인이

伯耆国赤碕与申所江六月四日令着候船中之人数十一人此内僧五人先年
従竹嶋連参長崎江送届候あんびちやん与申茂参候因幡国居城ニ候故願
之儀因幡国江参申度旨ニ而右之朝鮮人翌五日因州青屋与申浦辺へ罷着
候尤

伯耆国の赤碕と言う所へ渡って来た。六月四日[その海辺に]着船させた
が、その船中の人数は十一人であった。この内、僧が五人もいた。先
年、竹嶋から連行し、長崎へ送り届けたあんびちやんと申す者も[この
一行の中に]いた。因幡国[には藩主]の居城があり[その藩主に]願いの事
があるので、因幡国へ参った。[ここで]申し伝えたい事があると、そ
のような趣旨[を話していた。] 右の朝鮮人は、翌五日、因州の青屋と
申す浦辺へ罷り着いた。尤も

호우키노쿠니 아카사키라고 하는 곳으로 건너왔다. 6월 4일에 [그 해
변에] 착선시켰는데, 그 선중의 인수는 11인이었다. 그중 스님이 5인
이나 있었다. 선년에 죽도에서 연행하여 나가사키에 송치한 안비챤이
라는 자도 [이 일행 중에] 있었다. 이나바노쿠니[에는 한슈]의 거성이
있는데 [그 한슈에게] 원하는 일이 있어 이나바노쿠니에 왔다. [여기
서] 요구하고 싶은 것이 있다고 그러한 취지[를 말하고 있었다.] 위의
조선인은 다음 5일에 인슈우의 아오야라는 포변에 도착했다. 원래

此方番船差添申候於因州役人共出合様子相尋候得共言語通し不申願
之様子相知不申候先年被仰出候御奉書之趣も有之候付願之様子又者
願書等此方江請込申儀も如何存昨日右之段如何可仕哉与御老中様江相
伺被申候以上

こちらの番船を差し添え[誘導して着船させたものである。] 因州に於
いて役人どもが[彼らと]出合い、その様子を尋ねたが、言語は通じ
ず、訴願の内容は、よく分からないと申していた。先年、御命令の
あった御奉書の趣旨も有り、こちらで[勝手に]その訴願の様子[を尋
ね]また彼らから願書などを請け取ってしまっては、どうかと思い、
昨日、右の件に付き、どのように処理を致したらよいのか、御老中
様へお伺いを致した。以上。

이쪽의 번선을 딸려서 [유도하여 착선시킨 것이다.] 인슈우의 역인들
이 [그들과] 만나, 그 상황을 물었으나, 언어가 통하지 않아, 소원하는
내용은 잘 알지 못한다 한다. 선년에 명령이 있었던 봉서의 취지도
있어, 이쪽에서 [멋대로] 그 소원의 내용을 [묻고] 또 그들한테 원서
등을 청취해버리면 어떨까 라고 생각하고, 어제 위의 건에 대해, 어떻
게 처리하면 좋을까를 노중님에게 물었다. 이상.

御奉書写

異国船領内之浦^江令到来訴詔之儀於申者船中之者気遣無之様^ニ致挨拶
置長崎以奉行人可遂訴詔旨相含之差副案内者彼地^江可被越候若在其所
而訴詔仕度与申候ハヽ番之者付置之其趣大坂定番衆同町奉行長崎奉
行人^并高力摂津守迄早々註進尤候自然

御奉書の写[註1]

異国船が領内の浦へ到来し、訴訟の事を申し出すような事があれば、船
中の者に[殊更の]気遣い無い様に挨拶して置き、長崎の奉行人が訴訟を
受け付けている旨を、相含め[説明し]案内を差し副え、彼の地へ送り出
すべきである。もし其の[逗留の]所に在って、訴訟を仕りたいと申した
ならば、番の者を付け、これを見張らせて置き、その趣旨について、
大坂定番衆、同町奉行、長崎奉行人、ならびに高力摂津守まで、
早々に註進を行うのが尤も[ふさわしい対処の仕力]である。自然に

봉서의 사본

이국선이 영내의 포에 도래하여 소송의 일을 말하는 것과 같은 일이
있으면, 선중의 사람에게 [특별히] 신경을 쓰지 않도록 안내해두고 나
가사키 봉행인이 소송을 접수하고 있다는 뜻을 포함하여 [설명하고]
안내를 딸려 그곳으로 보내야 한다. 만일 그 [두류하는] 곳에서 소송
을 하고 싶다고 말하면 감시자를 딸려 이것을 지키게 해두고, 그 취
지에 대해 오오사카 테이한슈우, 동 마치부교우, 나가사키 부교우닌,
및 코우리키셋쓰노카미에게 서둘러 주진하는 것이 가장 [적당한 대
처방법]이다. 자연히

長崎^江不相越又者湊^江船を不入沖ニ有之而端船を以於令申者湊^江本船を
不入慥成者をも不差越候之間江戸へ可及注進様なく其上当所にハ通
事無之候長崎^江罷越儀不成候ハ、可帰帆之旨含之被相構間敷候兎角日
本^江可為商船渡海訴訟候間彼輩不気遣之様可被心得候恐々謹言

長崎へ罷り越すような事がなく、又、湊へ船を入れず沖に有って端
船を以て[移動し、こちらに]申し入れをするような者に於いては[気
遣いをする必要は無い。また]湊へ本船を入れず、確かな者を[連絡に
も]寄越さないようであれば[様子が分からないので]江戸へ注進に及
ぼうにも、その報告すべき[内容]は無い。其の上、当所には通事がい
ないと言う事で、長崎へ罷り越すように[伝え]その事が成らなけれ
ば、帰帆するように、その旨を申し含め[伝える]べきである。相構え
るような事は、なさらないでいただきたい。菟角、日本へ商船を渡
海させようとして、訴訟に及ぶのであり、そのような輩について
は、気遣う必要は無い。そのように心得ておいていただきたい。
恐々謹言

나가사키에 보내는 것과 같은 일 없이, 또 항에 배를 넣지 않고 먼바
다에 있으며 단선으로 [이동하여 이쪽에] 요구를 하는 것과 같은 자
에게는 [마음을 쓸 필요가 없다. 또] 항에 배를 넣지 않고 확실한 자
를 [연락으로] 보내지 않으면 [상황을 알 수 없기 때문에] 에도에 주
진하려 해도 그 보고해야 하는 [내용이] 없다. 그리고 이곳에는 통사
가 없으니 나가사키에 가도록 [말을 하여] 그렇게 하지 않으면 귀범
하도록 하라고, 그런 뜻을 포함해서 [전해]야 한다. 취급하는 것과 같

은 일은 하시지 말아주시기 바란다. 어쨌든 일본에 상선을 도해시킬 생각으로 소송하려는 것으로, 그러한 자들에게는 신경 쓸 필요가 없다. 그렇게 알아두었으면 한다. 삼가 말씀드립니다.

二月十二日

松年古稀書展

阿剋斷馬书

阿剋引後书

松年保百書

二月十二日　　　　　　阿部対馬守

　　　　　　　　　　　　重次　在判

　　　　　　　　　　阿部豊後守

　　　　　　　　　　　　忠秋　在判

　　　　　　　　　　松平伊豆守

　　　　　　　　　　　　信綱　在判

松平相模守様

二月十二日　　　　　　阿部対馬守

　　　　　　　　　　　　重次在判

　　　　　　　　　　阿部豊後守

　　　　　　　　　　　　忠秋在判

　　　　　　　　　　松平伊豆守

　　　　　　　　　　　　信綱在判

松平相模守様

2월 12일　　　　　　아베쓰시마노카미

　　　　　　　　　　시게쓰구 재판

　　　　　　　　　아베분고노카미

　　　　　　　　　　타다아키 재판

　　　　　　　　마쓰다이라이즈노카미

　　　　　　　　　노부쓰나 재판

마쓰타이라 사가미노카미 사마

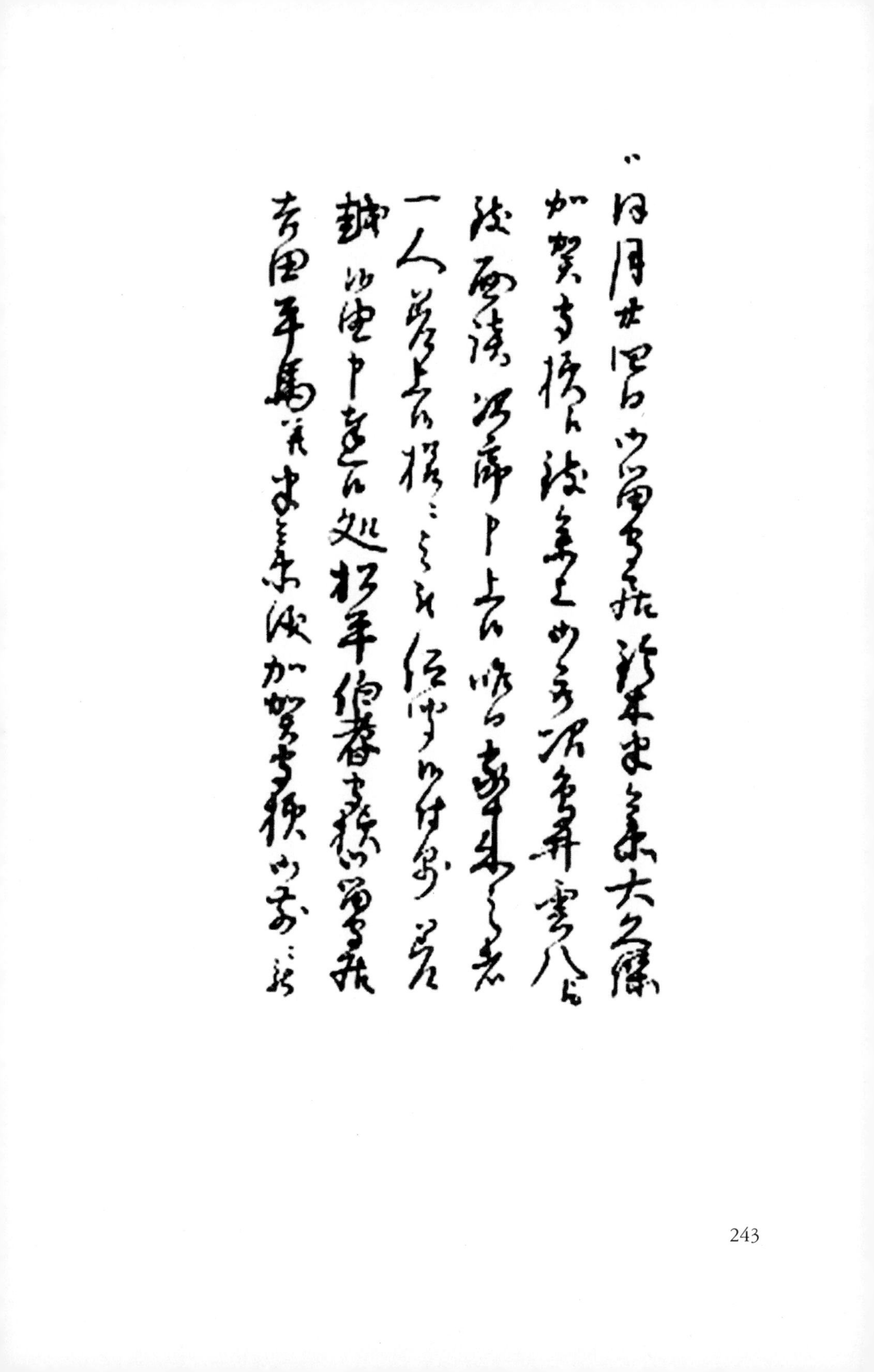

(39-05)

〃同月廿四日御留守居鈴木半兵衛大久保加賀守様江致参上御取次鳥
井雲八江致面談次郎申上候昨日家来之者一人差上候様ニ与被仰聞
候付而則差越候由申達候処松平伯耆守様御留守居吉田平馬并半兵
衛儀加賀守様御前ニ被

(39-05)

〃同月二十四日、御留守居の鈴木半兵衛が大久保加賀守様方へ参
上し、御取次の鳥井雲八へ面談し、次郎からの申し上げを伝え
た。昨日、家来の者を一人、差し遣わす様にとの御指示があ
り、その通りに[こうして家来を]差し遣わしましたと、申し伝え
た処、松平伯耆守様の御留守居である吉田平馬と、この半兵衛
とが、加賀守様の御前に

(39-05)

〃동월 24일에 루스이 스즈키 한베에가 오오쿠보 카가노카미 사마
측을 찾아뵙고 주선하는 토리이 쿠모하치를 면담하여, 지로우가
드리는 말씀을 전했다. 어제 가신 하나를 보내라는 지시가 있어
그대로 [이렇게 가신을] 보냈습니다 라고 말씀드렸을 때, 마쓰다
이라 호우키노카미 사마의 루스이인 요시다 헤이마와 한베에가
카가노카미 사마의 앞에

召出御直ニ被仰渡候者今度因幡へ朝鮮人参り願之儀ヲ因幡ニ而申候得
共何レ之願ニ而茂長崎江遣長崎奉行方ニ而被申付事ニ候間此度も長崎へ
遣彼地ニ而詮議可被申付候其上ニ而も長崎江参間敷与申ニおゐてハ何方
ニ而も取上不申候大法之旨申聞是非共ニ長崎江参間敷与申候ハ、帰帆い
たし候様ニ可被申付旨伯耆守殿江も申渡候其通りを御家来江も

召し出されました。そして御直に仰せ渡された事は、今度、因幡へ
朝鮮人が参り、訴願の事を因幡で申した件に付いてであった。[加賀
守様が申されるには]どのような願いであっても、長崎へ遣わし、長
崎奉行方で[受け付け]その訴願に対する[回答が]申し付けられるべき
である。そうであるので、此の度も長崎へ遣わし、彼の地に於いて
詮議が申し付けられる事になる。其の上でも、なお長崎へは参らな
いと申すのであれば、もう何方に於いても[その訴願は]取り上げられ
る事は無い。そのような日本国の大法である旨を[朝鮮人の一行に]申
し聞かせ、是非とも長崎へ[参るように伝えるべきである。それでも]
参らないと言うのであれば、帰帆するように申し付けるべきであ
る。その旨を伯耆守殿へも申し渡したので、其の通りの事を[伯耆守
殿から]御家来衆へ

불려 나갔습니다. 그리고 직접 명하신 것은, 이번에 이나바에 조선인
이 와서 소원하는 일을 이나바에서 말한 것에 대한 일이었다. [카가
노카미 사마가 말씀하신 것은] 어떠한 소원이라 해도 나가사키에 보
내서 나가사키 봉행 측에서 [접수하여] 그 소원에 대한 [회답을] 말해
야 한다. 그러하기 때문에 이번에도 나가사키로 보내 그곳에서 상의

한 결과를 지시하는 일이 된다. 그런데도 나가사키에 가지 않겠다고 말한다면 어디에서도 [그 소원은] 취급하지 않는다. 그것이 일본국의 대법이라는 취지를 [조선인 일행에게] 설명하여 반드시 나가사키에 [가도록 말해야 한다. 그래도] 가지 않겠다고 말한다면 귀범하도록 지시해야 한다. 그런 내용을 호우키노가미 토노에게도 전하였으므로 그와 같은 일을 [호우키노카미토노가] 가신들에게

被仰付通事を可被差越候委細者以書付申渡候由御意被成御書付一通
御渡被成候吉田兵馬江も御書付一通御渡被成候其節半兵衛申上候ハ朝
鮮御用之儀乍当分刑部大輔へ被仰付置候付昨今被仰付候趣通詞之者
之儀刑部大輔方江申遣国元より直ニ因幡江差越可申候哉通詞之者之儀ハ
軽者ニ而御座候間侍向之者一両人相添差越可申候御当地江

御命じになられたい。[そのような方針のもとで対馬守殿から]通事を
差し遣わすのである。委細は書付を以て申し渡すので、御同意に成っ
て[御請けの]御書付を一通[こちらに]御渡しいただきたい。[そのよう
なお話しがあり、半兵衛へ御書付を一通そして]吉田兵馬へも御書付
を一通[加賀守様は]御渡しに成られた。其の節、半兵衛が申し上げた
事は、朝鮮御用の事は[公儀から]当分、刑部大輔へ[その御役目が]仰
せ付けられております。それに付いて昨今、仰せ付けられた御趣旨の
事についてですが、通詞の者の事は、刑部大輔方へ申し遣わしまし
た。それゆえ国元から直ちに因幡へ[使者を]派遣する事になりまし
た。通詞の者というのは、軽輩者で御座いますので、侍の身分の者を
一両人相添えて[因幡へ]派遣することに致しました。御当地[江戸]へ

명하셨으면 한다. [그와 같은 방침 아래에서 쓰시마노카미개] 통사를
파견하는 것이다. 자세한 것은 서부로 말할 것이니 동의하여 [받았다
는] 서부 1통을 [이쪽에] 보내주었으면 한다. [그와 같은 말씀이 있고,
한베에에게 서부 1통 그리고] 요시다 헤이마에게도 서부를 1통을 [카
가노카미 사마는] 건네주셨다. 그때 한베에가 말씀드린 것은, 조선의
일은 [장군이] 당분간 교우부 다이스케에게 [그 역할을] 명하셨습니

다. 그것에 대해 작금 명받은 취지에 대한 것입니다만, 통사의 일은
교우부 다이스케 쪽에 말을 전했습니다. 그래서 쿠니모토(쓰시마)에
서 직접 이나바에 [사자를] 파견하는 것으로 되었습니다. 통사하는 사
람은 신분이 낮은 자이기 때문에 사무라이 신분인 사람을 한두 명 붙
여서 [이나바에] 파견하기로 했습니다. 당지 [에도]에

通詞之者召寄候而者延引可仕与奉存候将又朝鮮人長崎^江被遣候ハ、通
詞之者彼地迄相添遣し可申候哉此段次郎奉伺候由直^二申上候処被入御
念儀^二候通詞之者対州より御当地^江被召寄候而者可致延引候対州より直
^二因幡^江可被遣候通事之者ハ軽者故侍向之者一両人御添被成度之由御尤

通詞の者を召し寄せてしまっては、延引を仕る事になると思ったから
[直接、因幡への派遣]でございます。はたまた朝鮮人を長崎へ遣わすよ
うな事があれば、通詞の者を彼の地まで相添え、同道させては如何で
しょう。この事を次郎が、お伺いするよう申しておりました。このよう
な事を直に申し上げた処、御念を入れられ[忝なく思う]との御事であっ
た。通詞の者が、対州から御当地[江戸]へ召し寄せられては[その旅
程の分だけ]延引になる。それゆえ対州から直に因幡へ[通辞は]遣わ
されるべきであろう。通事の者は軽輩者であるため、侍の身分の者
を一両人相添え[御役目を果たすように]成されたいとの由、御尤に

통사를 불러들이면 시간이 걸리게 된다고 생각했으므로 [직접 이나
바의 파견하는 것]입니다. 또한 조선인을 나가사키에 보내는 것과 같
은 일이 있으면 통사를 그곳까지 딸려서 동도시키면 어떨까요. 이 일
을 지로우가 여쭈어보라고 말하였습니다. 이 같은 일을 직접 말씀드
렸더니, 생각하여 주셔서 [감사하게 생각한다]는 것이었다. 통사가 타
이슈우에서 당지 [에도에] 들르게 되면 [그 여정만큼] 지연되게 된다.
그래서 타이슈우에서 직접 이나바로 [통사를] 파견해야 할 것이다. 통
사는 신분이 낮으므로 사무라이 신분의 한두 명을 붙여서 [역할을 수
행할 수 있도록] 하고 싶으시다는 것은 당연히

存候急度不仕候様ニ一人御添可被成候長崎^江朝鮮人参候ハヽ、通詞彼地
迄御添可被遣哉与被仰聞候成程御添被遣可然候船中ニ而伯耆守殿家来
致通用度儀も可有御座候間弥御添可被遣候与被仰聞罷帰ル

思う所である。ただ厳しく[対処するような事に]成らぬよう、御一人
だけを御添えに成られるのがよいであろう。長崎へ朝鮮人が参るの
であれば、通詞を彼の地まで相添え遣わしてはと、お聞かせいただ
いたが、成程そのように御添え遣わしがあって当然である。[その御
配慮を忝なく思う所である。海路の長崎道中となれば、その]船中で
は伯耆守殿の家来が[何かと]対処する事も有ろうかと思う。そのよう
な折、通辞の御添え遣わしがあれば、いよいよ[事が円滑に進む。]そ
のような事を[ここで]お聞かせいただき[承って]罷り帰った。

생각하는 일이다. 다만 엄하게 [대처하는 것과 같은 일이] 되지 않도
록 한 사람만을 딸려 보내는 것이 좋을 것이다. 나가사키에 조선인이
가게 되면 통사를 그곳까지 딸려서 보내면 어떨까라고 들었습니다만,
그렇게 딸려서 보내는 것이 당연하다. [그 배려를 고맙게 생각하는
바이다. 해로로 나가사키에 간다면] 선중에는 호우키노카미토노의 가
신이 [무엇인가] 대처해야 하는 일도 있을 것이다. 그러할 때 통사를
같이 보내게 되면 더욱 [일이 원활하게 진행된다.] 그와 같은 일을
[이곳에서] 듣고 돌아왔다.

御書付たゝ泣

(39-06)

〃御書付左ﾆ記之

(39-06)

〃御書付を左に記す。

(39-06)

〃서부를 아래에 기록한다.

覚

去ル四日伯耆国赤崎℡朝鮮人致着岸因幡国℡参度旨申ニ付差留候得共承
引不仕因州青屋与申浦辺ニ番人附置候言語しかと通シ不申候故願之子
細不相知候由松平伯耆守より申聞候其方家来遣し伯耆守家来申談い
つれの願

覚

去る四日、伯耆国赤崎へ朝鮮人が着岸致した。因幡国へ参りたい旨を
申すので、差し留めたのであるが、承引しなかった。因州の青屋と申
す浦辺に[その異国船を]留め、番人を附け置く事になった。言葉がしっ
かりとは通じなかったので、その訴願の子細は不明である。松平伯耆
守方から申し入れがあり[その希望を]聞いた処、其の方の家来[の中か
ら通辞]を遣わし[因幡において朝鮮人に伝えて欲しい事があると言う。]
伯耆守の家来と相談し、どのような[彼らからの]願いであっても

각

지난 4일에 호우키노쿠니 아카사키에 조선인이 착안하였다. 이나바
노쿠니에 가고 싶다는 내용을 말하기 때문에 말렸으나 듣지 않았다.
인슈우의 아오야라는 포변에 [그 이국선을] 멈추게 하고 번인을 붙여
두는 것으로 했다. 말이 잘 통하지 않았기 때문에 소원의 자세한 내
용은 불명했다. 마쓰다이라 호우키노카미 측의 요구가 있어 [그 희망
을] 들었는데, 그쪽 분의 가신 [중에서 통사]를 보내, [이나바에서 조
선인에게 전하고 싶은 것이 있다 한다.] 호우키노카미의 가신과 상담
하여, 어떠한 [그들의] 소원이라 해도

六月廿三日

＝而も長崎江遣し長崎奉行方＝而歛議有之様＝可被申付候其上＝而も長崎
江参間敷由申にをひて八外之所＝而者取あげ不申大法之旨申含帰帆候様
可相達由伯耆守方江申達候間被存其趣右之段家来江可被申付候以上

　六月廿三日

[まずは]長崎へ[彼らを送り]遣わし、長崎奉行方に於いて、その歛議
が有る様になると[そのように彼らに]申し伝えて貰いたい。其の上で
も、なお長崎へ参る事はできないと[申すのであれば]その外の所では
訴願を取り上げる事はしない国の大法であると、その旨を[彼らに]申
し含め、帰帆する様に伝えて貰いたい。そのような事を伯耆守方へ
も申し伝えたので、其の趣旨を[そちらも]御承知置き下さり、右の事
を御家来へ申し伝えていただきたい。以上である。

　六月二十三日

[일단은] 나가사키에 [그들을] 보내, 나가사키 봉행소 측에서 조사를
하게 된다고 [그렇게 그들에게] 전해주었으면 한다. 그런데도 계속 나
가사키에 갈 수 없다고 [말한다면] 그 외의 곳에서는 소원을 취급하
는 일을 하지 않는 것이 나라의 대법이라고 그 취지를 [그들에게] 말
하여 귀범할 것을 전해주었으면 한다. 그와 같은 일을 호우키노카미
쪽에도 전했기 때문에 그 취지를 [그쪽도] 알아두셨다가 위의 일을
가신에게 알려주었으면 한다, 이상이다.

　6월 23일

(39-07)

〃 右御書付御渡被成候為御請加賀守様江御使者白水杢兵衛被遣之御
口上ハ今日家来之者被召寄御書付を以被仰付候趣委細令承知候
国元江申遣通詞之者因幡国江差越候様ニ与刑部大輔方江

(39-07)

〃 右の御書付を[加賀守様は、こちらに]御渡しに成られた。その御
請けのため[対馬守から]加賀守様へ、御使者として白水杢兵衛が
遣わされた。その[杢兵衛の]御口上とは、今日家来の者が召し寄
せられ、御書付を以て仰せ付けられた御趣旨について、その委
細を承知致しました。国元へ申し遣わし、通詞の者が[早速]因幡
国へ向かうよう、刑部大輔方へ

(39-07)

〃 위의 서부를 [카가노카미는 이쪽에] 건네주셨다. 그것을 받기 위
해 [쓰시마노카미 측에서] 카가노카미 사마에게 하쿠수이 모쿠
에몬을 사자로 보냈다. 그 [모쿠에몬의] 구상이란 오늘 가신을
불러, 서부로 지시받은 취지에 대해 자세한 것을 알았습니다. 쿠
니모토(쓰시마)에 전달하여 통사자가 [서둘러] 이나바노쿠니로
가도록 교우부 다이스케에게

申遣候右之御請為可申上以使者申入候与之御事御返答者今日御家来
を招書付を以申渡候通御聞届被成候付被入御念被仰下之趣令承知候
重而懸御目可得御意与之御事也

[この公儀の御指示を]申し伝えました。右の御請けを申し上げるた
め、使者を以て申し入れ を致します。[このように申し伝えたところ]
その御事について[加賀守様から]御返答があった。今日御家来を招
き、書付を以て申し渡した通りを[早速]御聞き届けいただいた。それ
に付いて御念を入れての御報告もいただいた。その[御返答の申し入
れの]趣旨に付いて承知を致した。重ねて御目に掛かり、御意を得た
いと思っていると、そのような[御言葉までも]あった。

[이 장군의 지시를] 전하였습니다. 위의 지시를 말씀드리기 위해 사자
를 보내 요구를 하겠습니다. [이렇게 전했을 때] 그것에 대한 [카가노
카미 사마의] 반답이 있었다. 오늘 가신을 불러 서부로 말을 전한 것
을 [서둘러] 연락해주었다. 그것에 대한 정성스런 보고도 받았다. 그
[반답이 하는 요구의] 취지에 대해서도 알았다. 다시 뵙고 뜻을 얻고
싶다고 생각하고 있다라고 그러한 [말씀도] 있었다.

今はまたおもひ捨ぬる相撲とり処せば
十人ひ屋にてか相撲後年そ身あ
白しと二三屋おり 物をふくともうちあ
或国傷ぬるとふとあかて上さあ
又さて何事もありちてつひ田あはてあく

(39-08)

〃今日半兵衛平馬〓様子相尋候処昨日申入候通別而相変儀無御座候
書物なと二三通持居　　公方様へ差上候書物或因幡領主〓差出候書
物なとゝ申候へ共夫共〓何事も取上不申候由物語有之

(39-08)

〃今日、半兵衛が平馬へ様子を尋ねた処、昨日申し入れた通りの
事で、格別に変った事は無いとの事であった。書き物などを
二、三通持っていて、公方様へ差し上げたい[と彼ら朝鮮人が記
した]書き物、或いは因幡の領主へ[彼ら朝鮮人が]差し出した書
き物など[が有る。そのよう事]を申していた。だがそれら共々
に、何事も取り上げては貰えないと、そのような事を[平馬は]話
していた(註2)。

(39-08)

〃오늘 한베에가 헤이마에게 상황을 물었더니, 어제 요구한 대로
로 특별히 변한 일은 없다는 것이었다. 서물 등을 2, 3통 가지고
있으며, 장군님에게 바치고 싶다 [라고 그들 조선인이 기록한]
서물 또는 이나바 영주에게 [그들 조선인이] 제출한 서물 등[이
있다. 그러한 것]을 말하고 있었다. 그러나 그들한테 아무것도 취
급할 수 없다고 그와 같은 것을 [헤이마가] 말했다.

かゝ書をもらて源右衛口上書〳佐御記

もく優き候へに　古演忠左て之後新糸求三彦

声ろゝ而演〳〵芳生〳

(39-09)

〃加賀守様より被仰渡候趣口上書ニ仕阿部豊後守様江大浦忠左衛門
　致持参三沢吉左衛門江面談いたし差出之

(39-09)

〃加賀守様から仰せ渡された趣旨は、口上書にある通りである。[こ
　れとは別に]阿部豊後守様へ大浦忠左衛門が持参し[その御取次の]
　三沢吉左衛門へ面談して差し出したものがある。[以下のようなも
　のである。]

(39-09)

〃카가노카미 사마가 말씀하신 취지는 구상서에 있는 대로다. [이
　것과는 따로] 아베분고노카미 사마에게 오오우라 츄우자에몬이
　지참하여 [그 주선하는] 미사와 요시자에몬과 면담하며 제출한
　것이 있다. [이하와 같은 것이다.]

覚

昨廿三日大久保加賀守様^江留守居之者被召寄被仰付候者去^ル四日伯耆
国赤崎^江朝鮮人拾一人乗一艘致着岸訴詔之議候間因幡国^江参度旨申候^ニ
付被差留候処承引不仕因州青屋浦^ニ致着船候得共言語通し不申候間因
幡国^ニ差越候様委細者今日以

覚

昨二十三日、大久保加賀守様へ留守居の者が召し寄せられました。そ
こで仰せ付けられた事は、去る四日、伯耆国赤崎へ、朝鮮人拾一人乗
りの船一艘が着岸致した事でございます。彼らは訴訟の事があり、因
幡国へ参りたいとの事でございました。そのような事を申したので、
差し留めた処、承引せず、因州の青屋の浦に着船致したという事でご
ざいました。しかしながら言葉が通じなかったので、因幡国へ差し
越した様子、その委細については[不明のままでございました。彼ら
の言葉を理解するため、通辞が必要であると]今日、

각

지난 23일에 오오쿠보 카가노카미 사마에게 루스이가 호출받았습니
다. 그곳에서 지시받은 것은, 지난 4일, 호우키노쿠니 아카사키에 조
선인 11인이 탄 배 1척이 착안한 일이었습니다. 그들은 소송할 것이
있어 이나바노쿠니에 가고 싶다는 것이었습니다. 그와 같은 말을 했
기 때문에 만류했으나 듣지 않고 인슈우의 아오야포에 착선했다는
것이었습니다. 그러나 말이 통하지 않았기 때문에 이나바노쿠니에 건
너온 상황, 그 자세한 것은 [확실하지 않은 그대로였습니다. 그들의
말을 이해하기 위해서는 통사가 필요하다고] 오늘

御書付可被仰付候間留守居之者差出し候様被仰付候故御差図之通今
日差出候処右之趣御書付を以被仰付候御当地^江者通詞之者居不申候間
国元刑部大輔方^江申越通詞之者差越可申之旨申上候処弥国元^江申越直^二
因幡

御書付を以て[その旨を]仰せ付けられました。それゆえ留守居の者に
[返事を]差し出すよう仰せ付けがございました。そこで[その]御差図
の通り、今日[返事を]差し出しました処、右の趣旨を、御書付を以て
[再び]仰せ付けられました。御当地[の江戸]には、通詞の者が居りま
せんので、国元の刑部大輔方へ申し入れ、通詞の者を差し出すべ
く、その旨を[加賀守様へ]申し上げた処、いよいよ国元へ申し入れを
して、直ちに[通辞を]因幡

서부로 [그 취지를] 지시하셨습니다. 그렇기 때문에 루스이에게 [답
을] 제출하라는 지시가 있었습니다. 그래서 [그] 지시대로 오늘 [답을]
제출하였는데, 위의 취지를 서부로 [다시] 지시하셨습니다. 당지 [에
도]에는 통역을 하는 사람이 없기 때문에 쿠니모토의 교우부 다이스
케 측에 요구하여, 통사자를 보내야 한다는 그 뜻을 [카가노카미 사
마에게] 말씀드렸더니, 결국 쿠니모토에 요구하여 즉시 [통사를] 이나
바(노쿠니)

御書候に付（て）指（し）遣し申す

国元より御郷に致し候て可（べ）く候　御師（おし）

候而已（のみ）

六月廿七日

宗及店内
大浦忠吉

国^江差越候様^ニ与之御事御座候故則国元^江申越候此段可申上之旨次郎申
付候以上

　　　　　　　宗次郎内
　六月廿四日　　　　　　　大浦忠左衛門

国へ派遣する様にとの御事でございました。それゆえ直ちに国元へ
申し入れを行いました。この事を[豊後守様にも]申し上げ、お伝えし
ておくようにと、その旨の次郎の申し付けがございました。以上で
ございます。

　　　　　　　宗次郎内
　六月二十四日　　　　　　　大浦忠左衛門

(이나바)노쿠니에 파견하도록 하라는 것이었습니다. 그래서 즉시 쿠니
모토에 요구하였습니다. 이 일을 [분고노카미 사마에게도] 말씀드려,
전해두도록 하라는 그런 취지의, 지로우의 지시가 있었습니다. 이상
입니다.

　　　　　소우 지로우 내
　6월 24일　　　　　　　오오우라 츄우자에몬

(39-10)

〃右之趣口上ニ而茂申上候処御返答ニ因幡国〔江〕朝鮮人致着船候処言
語通し不申候付通詞之者被差越候様ニ与加賀守様より被仰渡候付
被仰聞候趣委細致承知被入御念儀ニ御座候弥御国〔江〕被仰遣通事之
者早々因幡〔江〕可被差越候右朝鮮人願之儀其所ニ而御取上

(39-10)

〃右の趣旨を口上にても申し上げた所、その御返答があった。因
幡国へ朝鮮人が着船致した処、言葉が通じなかったので、通詞
の者を派遣するようにと、そのような加賀守様からの御指示が
あった。そのお聞きした趣旨の委細を承知し、念を入れて[対馬
府中藩の江戸屋敷の方々は対応する]事になった。そして、いよ
いよ御国へ連絡し、通事の者を、早々に因幡へ派遣することに
なった。右朝鮮人による訴願の事は、その[伯耆という]所では
[公儀は]御取り上げに

(39-10)

〃위의 취지를 구상으로 말씀드렸더니 그 답이 있었다. 이나바노쿠
니에 조선인이 착선하였는데 언어가 통하지 않기 때문에 통사를
파견하도록 하라는 그러한 카가노카미 사마의 지시가 있었다. 그
들은 취지를 자세히 이해하고 성의껏 [쓰시마후츄우한의 에도 저
택의 분들은 대응하게] 되었다. 그리고 결국 쿠니(쓰시마)에 연락
하여 통사를 서둘러 이나바로 파견하는 것으로 되었다. 위 조선
인이 소원하는 일은, 그 [호우키라는] 곳에서는 [장군은] 취급

被成候而ハ以来ケ様之儀絶申間敷候間随分なため候而長崎^江参候様^二
申聞其上^二而も承引不仕候ハ、其所より直^二帰帆可仕旨申渡候様^二因幡
^江被差越候通事之者并侍へも能々被仰含被差越候様^二与之御事^二而罷帰
右侍被差副候儀与忠左衛門口上^二而申上候付右之通御返答被成

成られない。もし[そのような所で]お取り上げになったならば、以後、
そのような訴願の事が、絶え間なく[各地で]起こって来るに違いない。
それゆえ[この朝鮮人たちを]随分となだめ、長崎へ行くように申し聞か
せ、その上でも[なお]承引しなければ、その場所から直ちに帰帆する
よう申し渡すべきで、そのように因幡へ[加賀守様が]御指示になられ
たとの事である。[また因幡へ赴く]通事の者ならびに侍へも[この事
について]能く能く承知させ[あちらへ]派遣なさるようにとの事で
あった。そこで罷り帰り、右の侍を差し副えられる事[になった]と、
忠左衛門が口上にて[取次の三沢吉左衛門へ]申し上げたので、そこで
右の通り[に吉左衛門が、その御請け]の御返答に成られた。

할 수 없다. 만일 [그러한 곳에서] 취급하게 된다면 이후 그렇게 소원
하는 일이 끊이지 않아 [각지에서] 일어나게 된다. 그러니 [이 조선인
들을] 충분히 달래서 나가사키에 가도록 하라고 말하고, 그래도 [또]
납득하지 않으면 그 장소에서 바로 귀범하도록 하라고 말해야 하는
것으로, 그렇게 이나바에 [카가노카미 사마가] 지시했다는 것이다.
[또 이나바에 가는] 통사 및 병졸에게도 [이 일에 대해] 잘 이해시켜
[저쪽에] 파견하도록 하라는 것이었다. 그곳에서 돌아와 [위의 병졸을
딸려보내는 [것으로 했다]라고 타다자에몬이 구상으로 [주선하는 미

사와 요시자에몬에게] 말씀드렸기 때문에, 그곳에서 위와 같이 [요시
자에몬이 그 문제]의 답을 하셨다.

(39-11)

〃右之節三沢吉左衛門迄忠左衛門申入候ハ今度伯耆国〆罷渡候朝鮮
　人之内先年竹嶋〓而捕対馬守方〆御渡被成候両人之内壱人此度も
　罷越候由風説及承候先達而竹嶋之儀刑部大輔〆被仰付候得共未訳
　官〓不申渡内彼国出帆仕罷渡候歟与奉存候左候得者竹嶋之儀

(39-11)

〃右の伝達の時、三沢吉左衛門へ忠左衛門が申し伝えた事は、今度
　伯耆国へ罷り渡った朝鮮人の内[その一人は]先年竹嶋にて捕え、対
　馬守方へ御渡しに成った両人の一人でございます。此の度も罷り
　越した由を、風の便りに聞き及びました。先達って竹嶋の事を刑
　部大輔へ仰せ付けられましたが、未だ[刑部大輔から彼の国の]訳官
　へ[その旨の]申し渡しをせぬ内に[この朝鮮人たちは]彼の国を出帆
　し[竹嶋に]渡ってきました。そうであれば、竹嶋の事について

(39-11)

〃위의 전달이 있었을 때 미사와 요시자에몬에게 츄우자에몬이 전
　한 것은, 이번에 호우키노쿠니에 건너온 조선인 중 [그 한 사람
　은] 선년에 죽도에서 붙잡혀 쓰시마노카미 측에 양도된 두 사람
　중의 한 사람입니다. 이번에도 건너온 이유를 소문으로 듣게 되
　었습니다. 전에 죽도의 일을 교우부 다이스케에게 지시하셨습니
　다만 아직 [교우부 다이스케한테서 그 나라의] 역관에게 [그 취
　지를] 전하지 않은 사이에 [이 조선인들은] 그 나라를 출범하여
　[죽도에] 건너왔습니다. 그렇다면 죽도의 일에 대해

御訴詔申上候哉与邪推二奉存候其わけハ先年竹嶋二而捕候両人之朝鮮
人因幡之府二而御馳走等被仰付候処対馬守方江御渡被成候以後最前も
申上候通警固等も常より者急度申付候故因幡之府を江戸与存朝鮮国江
罷帰　上二者左程

御訴訟を申し上げると言うのは[鳥取藩の]邪推であると存じます。そ
のわけは、先年竹嶋にて捕えた両人の朝鮮人が、因幡の府にて御馳走
等を仰せ付けられた処、対馬守方へ御渡りに成られて以後、最前も申
し上げた通り、警固等も常よりは厳しく申し付け置かれました。それ
ゆえ因幡の府を江戸と思い、朝鮮国へ罷り帰り[日本の]上の方では左
程でも

소송을 말하겠다고 말하는 것은 [톳토리한의] 사추라고 생각합니다.
그 까닭은, 선년에 죽도에서 붙잡은 두 조선인이 이나바후에서 후대
등을 명받았는데, 쓰시마노카미 측에 양도된 이후에, 앞에서도 말씀
드린 대로, 감시 등을 보통보다 엄하게 명하여 두었습니다. 그렇기 때
문에 이나바후를 에도로 생각하고 조선국에 돌아가 [일본의] 윗분은
그렇지도

無之儀を対馬守中㆓而取はからひ候様㆓風聞仕候由及承候依之此度直㆓
因幡国㆓罷越御訴訟可申上与存候哉与推察仕候由申入候処吉左衛門㆓
も定而左様之儀㆓而可有御座与存候右之趣も為御念候間豊後守㆓可申
聞置候由被申候也

無い事を、対馬守が中にあって取り計らい[朝鮮に厳しく当たってい
ると]そのように[報告を致したようで、その旨の]風聞がある事を承
り[今に]及んでおります。そのような事なので、この度[彼の朝鮮人
たちは]直ちに因幡国へ罷り越し[対馬国の対応について不満を持ち]
御訴訟を申し上げたいのだろうと、そのような推察を致しました。
[つまり竹嶋についての訴訟ではなく、対馬の対応に対する訴訟であ
ろうと]その由を申し入れました。すると吉左衛門も、おそらくその
ような事であろうと、そのようにお答え下さいました。右の趣旨に
ついても、念のためではあるが、豊後守様のお耳に入れて置くべき
事であると、そのように[吉左衛門は]申されていました。

않은 일을 쓰시마노카미가 중간에 있으며 계획하여 [조선에 강하게
임하고 있다고] 그렇게 [보고를 한 것 같다고, 그런 취지의] 풍문이
있다는 것을 들으며 [지금에] 이르렀습니다. 그와 같은 일이기 때문에
이번에 [그 조선인들은] 바로 이나바노쿠니로 넘어와 [쓰시마노쿠니
의 대응에 대한 불만을 가지고] 소송하여 말씀드리고 싶은 것 같다고
그렇게 추찰하였습니다. [즉 죽도에 대한 소송이 아니라 쓰시마의 대
응에 대한 소송일 것이라고] 그 이유를 말하였습니다. 그러자 요시자
에몬도 아마도 그러한 일일 것이라고 그렇게 답하여 주셨습니다. 위

의 취지에 대해서도 만일을 위한 일입니다만, 분고노카미 사마에게 말씀드려 두어야 하는 일이라고 그렇게 [요시자에몬은] 말씀하고 있었습니다.

(39-12)

〃同日松平伯耆守様より以御使者申参候者拙子領分〓朝鮮人致着船
候付御老中迄遂案内候処長崎〓送届候様〓与被仰渡候其元様〓茂
通詞之者国元〓被差越候様〓被仰渡候由承候諸事家来之者〓被申
談候様〓御家来〓被仰付可被下候此段為可申入以使者申入候与之
御事〓付此方よりも御使者鈴木左治右衛門を以御返答被仰遣候也

(39-12)

〃同日、松平伯耆守様から御使者を以て申し伝えて来た事は、拙者
の領分へ朝鮮人が着船致したので、御老中まで報告を致しまし
た。すると長崎へ送り届ける様にとの御指示がございました。其
元様へも、通詞の者[の派遣を]国元へ連絡するよう、御指示があっ
た事を承りました。諸事につき[拙者の]家来の者へ[気兼ねなく]語
り掛け、相談なさるよう[派遣なさる]御家来へ[その旨を]御命じ下
さい。この事は[このような折、ぜひ]申し入れるべき事の為、使
者を以て[其元様へ]お伝えを致しました。このように[伯耆守様
から申して来た]事であったので、こちらからも御使者として鈴
木左治右衛門を以て、御返答を仰せ遣わすことになった。

(39-12)

〃동일에 마쓰다이라호우키노카미 사마가 사자를 보내 전해온 것
은, 졸자의 영지에 조선인이 착선하였으므로 노중에게 보고하였
습니다. 그러자 나가사키에 보내도록 하라는 지시가 있었습니다.
그곳의 영주에게도 통사[의 파견을] 쿠니모토에 연락하라는 지

시가 있었다는 것을 들었습니다. 모든 일에 관해 [졸자의] 가신에게 [거리낌 없이] 말하여, 상담하실 것을 [파견하시는] 가신에게 [그 취지를] 설명하여 주세요. 이 일은 [이러할 때 반드시] 요구해야 하기 때문에, 사자를 보내 [그쪽 영주에게] 전해드렸습니다. 이같이 [호우키노카미 사마가 전해온] 일이었기 때문에, 이쪽에서도 사자 스즈키 사지에몬을 보내 답을 전하게 되었다.

(39-13)

〃同月廿五日長崎御奉行諏訪兵部様江御留守居鈴木半兵衛を以左之
御口上書被遣之

(39-13)

〃同月二十五日、長崎御奉行の諏訪兵部様へ、御留守居の鈴木半
兵衛を以て、左の御口上書を差し上げた。

(39-13)

〃동월 25일에 나가사키 봉행의 스와 효우부 사마에게 루스이 스
즈키 한베에를 보내 아래의 구상서를 바쳤다.

胡錚人十二人船一艘

口上之覚

朝鮮人十一人船一艘ニ乗六月四日伯耆国江罷渡翌五日因幡国江着船仕候
処言語通し不申候ニ付其旨領主松平伯耆守殿より御老中迄被遂案内候
処通詞之者因幡国江

口上の覚

朝鮮人十一人が船一艘に乗り、六月四日に伯耆国へ渡って来ました。
翌五日には因幡国へ着船致しました。しかし言葉が通じないので、
領主の松平伯耆守殿から御老中まで、その旨の御報告を申し上げた
処、通詞の者を因幡国へ

구상지각

조선인 11인이 배 1척을 타고 6월 4일에 호우키노쿠니로 건너왔습니
다. 다음 5일에는 이나바노쿠니에 착선했습니다. 그러나 말이 통하지
않기 때문에 영주 마쓰다이라 호우키노카미 사마가 노중에게 그 내
용의 보고를 말씀드렸는데, 통사자를 이나바노쿠니에

六月廿六日

宗 義眞

差越候様ニ与御月番大久保加賀守殿より昨日被仰渡候付国元同姓刑部
大輔方へ通事之者早々因幡江差越候様ニ与申遣候右之段為御案内以使
者申入候以上

　　六月廿五日　　　　　　　　宗　次郎

派遣するようにと、御月番老中の大久保加賀守殿から[私の方へ]昨日、
仰せ渡しがございました。その事に付き、国元の同姓(宗)刑部大輔方へ
連絡を致し、通事の者を早々に因幡へ派遣するよう伝えました。右
の事を御報告するため、使者を以て申し入れます。以上

　　六月廿五日　　　　　　　　宗　次郎

파견하도록 하라고, 월번 노중인 오오쿠보 카가노카미 사마가 [저희 쪽
에] 어제 지시가 있었습니다. 그 일에 대해 쿠니모토의 동성(소우) 교우
부 다이스케 쪽에 연락하여 통사자를 서둘러 이나바에 파견하도록 전
했습니다. 위의 일을 보고하기 위해 사자를 보내 말씀드립니다. 이상.

　6월 25일　　　　　　　　　소우 지로우

右御口上書被遣候所御返答゠御使者御口上之趣致承知被入御念儀候重
而相変儀も候ハ、可被仰聞候伯耆守殿よりも被仰越承之候与之儀也

右の御口上書を差し上げた所、その御返答に、御使者の御口上の趣旨
については、承知を致しました。御念を入れられた[御報告をいただ
きました。]再び[何か]変った事があれば、また、お聞かせ下さい。
伯耆守殿からも[同様の]御報告をお寄せいただき、承知いたしており
ますと、このような[長崎奉行からの]御返事であった。

위의 구상서를 제출했더니 그 반답에, 사자가 구상서로 말하는 취지는
이해하였습니다. 정성을 다한 [보고를 받았습니다.] 다른 [어떤] 변화
가 있으면 또 알려주세요. 호우키노카미 사마도 [같은] 보고를 보내주
어 알고 있습니다 라고, 이 같은 [나가사키 봉행의] 답이었다.

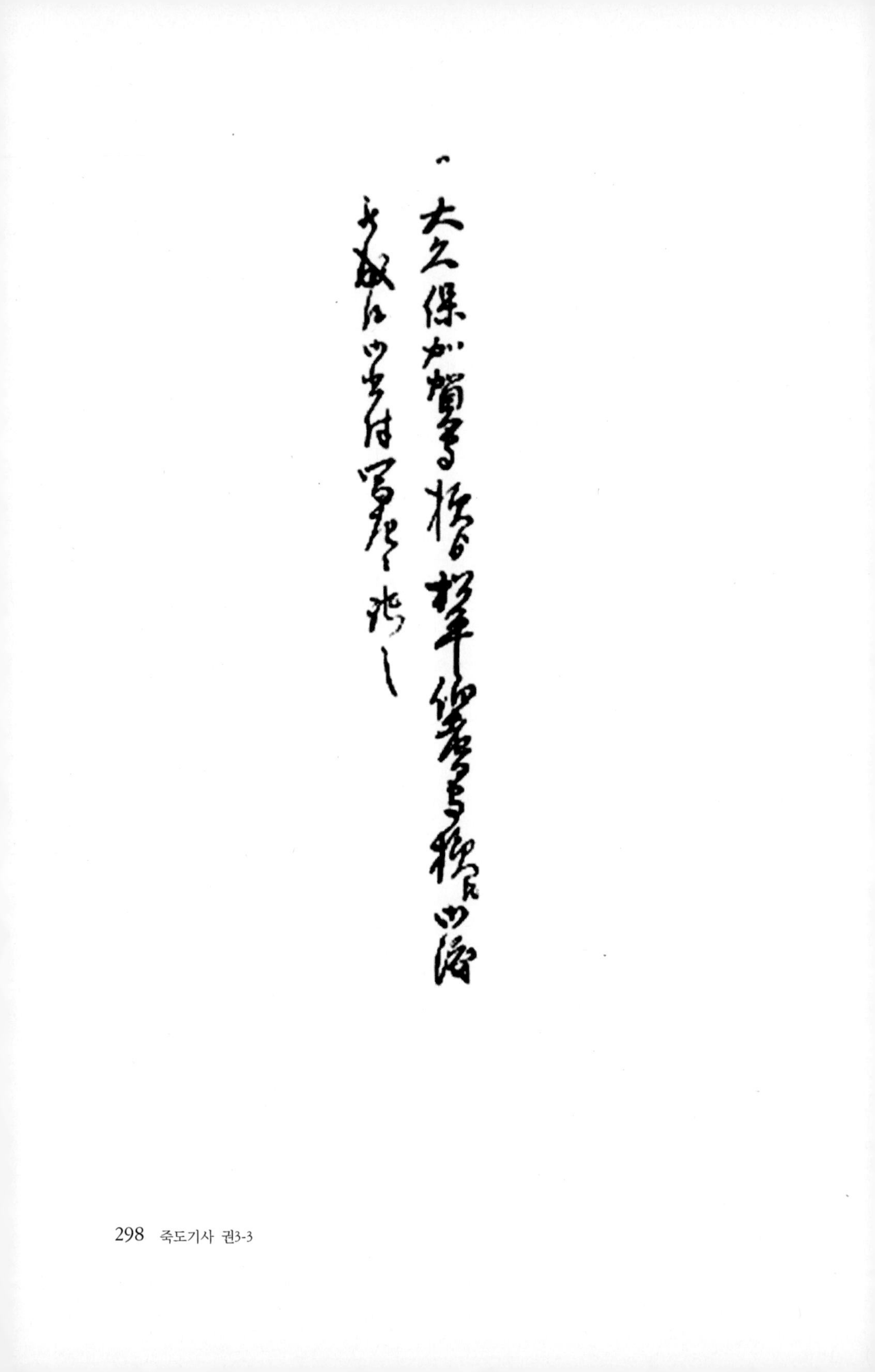

一 大久保が噌[illegible]扱[illegible]候

(39-14)

〃大久保加賀守様より松平伯耆守様江御渡被成候御書付写左ニ記之

(39-14)

〃大久保加賀守様から松平伯耆守様へ御渡しに成られた御書付の
写がある。これを左に記す。

(39-14)

〃오오쿠보 카가노카미 사마가 마쓰타이라 호우키노카미 사마에
게 건네신 서부의 사본이 있다. 이것을 아래에 기록한다.

覚

去ル四日伯耆国赤崎^江着岸候朝鮮人因幡国^江参度旨申^ニ付差留候得共承
引不仕依之因州青屋与申浦辺^ニ番人被附置候言語しかと通シ不申候故
願之子細不相知候由令承知候宗次郎方より家来可差越候間其方家来
相談

覚

去る四日、伯耆国赤崎へ着岸した朝鮮人が、因幡国へ参りたいと申
すので、これを差し留めたが、承引せず[船を進め伯耆から因幡へと
渡り来た。] これに依って因州青屋と言う浦辺に番人を附け[彼らを留
め置いたという。] 言葉がしっかりとは通じないので、その訴願の子
細は分からないが[その地で訴訟は受け付けないと彼らに伝え、よく]
承知をさせるようにしていただきたい。宗次郎方から家来を派遣す
るので、その方の家来と相談を

각

지난 4일에 호우키노쿠미 아카사키에 착안한 조선인이 이나바노쿠니
에 가고 싶다고 말하기 때문에, 이들을 잡아두었으나 납득하지 않고
[배를 내어 이나바로 건너왔다.] 이로 인해 인슈우 아오야라는 포변에
번인을 붙여 [그들을 잡아두었다 한다.] 말이 잘 통하지 않기 때문에,
그 소송의 자세한 내용은 알 수 없으나 [그곳에서는 소송을 접수하지
않는다고 그들에게 전하여 잘] 이해시켜야 한다. 소우 지로우 측에서
가신을 파견하므로 그쪽 가신과 상담을

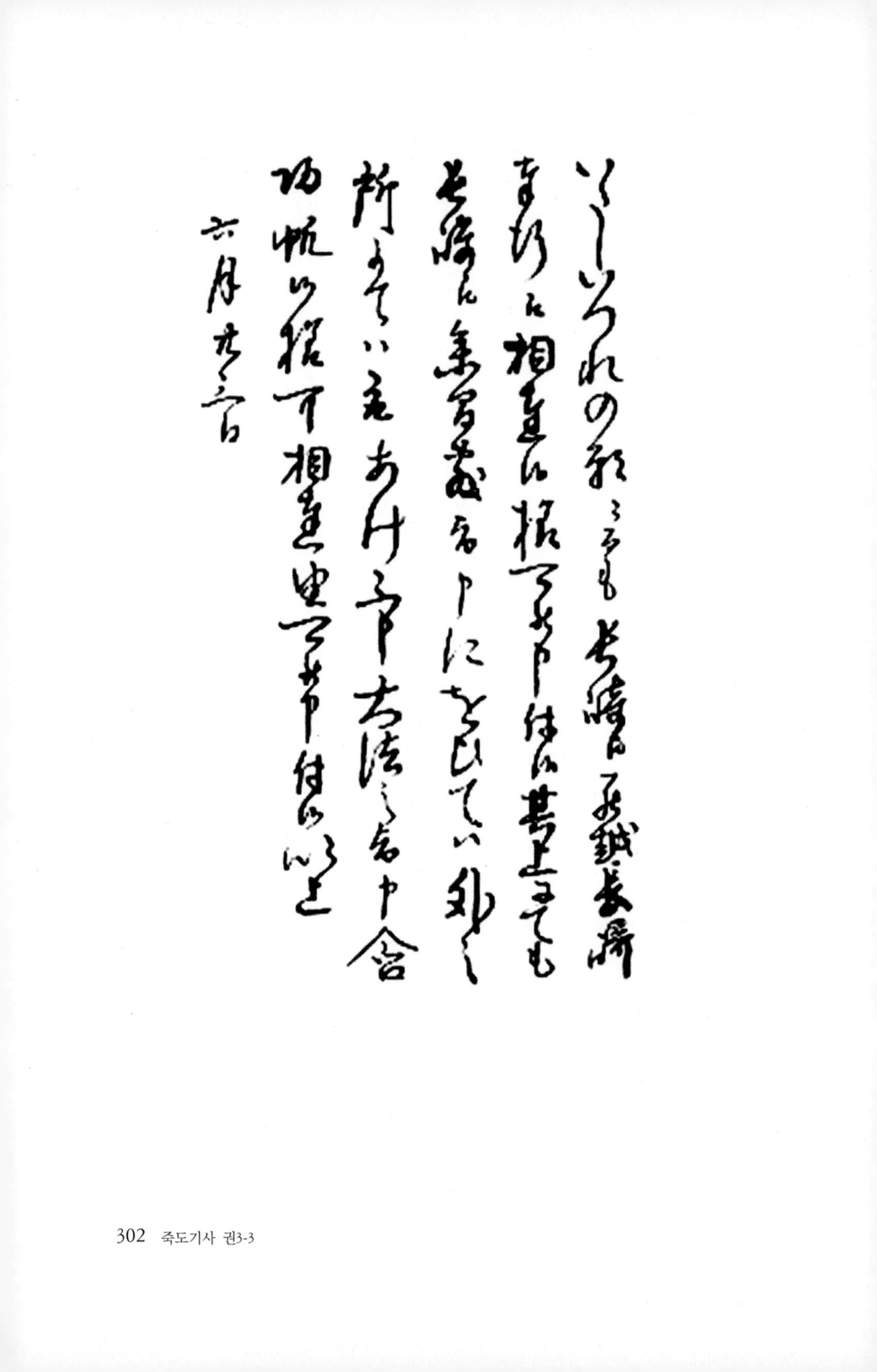

六月十九日

いたしいつれの願ニ而も長崎江罷越長崎奉行江相達候様可被申付候其上
にても長崎江参間敷旨申にをひて八外之所にて八取あけ不申大法之旨
申含帰帆候様可相達由可被申付候以上

　六月廿三日

致し、何れの願いであっても長崎へ罷り越し、長崎奉行へ[訴え出る
べきで、その長崎で訴願は]達し[行われる事になると]このような事
を[彼の者たちに正しく]伝えて貰いたい。その上で、なおも長崎へ参
る事はできないと、そのような事を申すのであれば、外の所で[訴訟
を]取り上げる事はできない。そのような大法である旨を申し含め、
帰帆するよう申し伝えなければならない。そのように[この一件の方
針を]申し付ける。以上。

　六月二十三日

하여 어떤 소원이라 해도 나가사키로 보내 나가사키 봉행에 [소송해
야 하므로, 그 나가사키에서 소원은] 말씀드려 [실행하는 일이 된다고]
이러한 일을 [그자들에게 똑바로] 전해주었으면 한다. 그런데도 계속
해서 나가사키에 갈 수 없다고 그러한 말을 한다면, 다른 곳에서 [소
송을] 취급하는 일은 할 수 없다. 그것이 대법이라는 취지를 설명하
여 귀범하도록 하라는 말을 전하지 않으면 안 된다. 그렇게 [이 일건
의 방침을] 지시할 것. 이상.

　6월 23일

　註１、この奉書は徳川家光の時代のものである。ここに加判する
阿部対島守重次の老中在任期間が寛永十五年(一六三八)から慶安四年
(一六五一)であり、同じく阿部豊後守忠秋の在任期間が寛永十年(一
六三三)から寛文六年(一六六六)であり、松平伊豆守信綱の在任期間
が寛永十年(一六三三)から寛文二年(一六六二)であるからである。

　이 봉서는 토쿠가와 이에미쓰 시대의 것이다. 여기에 가판하는 아
베 쓰시마노카미 시게쓰구의 노중 재임기간이 칸에이 15년(1638)부
터 케이안 4년(1651)이고, 마찬가지로 아베 분고노카미 타다아키의
재임기간이 칸에이 10년(1633)부터 칸분 6년(1666)이고, 마쓰다이라
이즈노카미 노부쓰나의 재임기간이 칸에이 10년(1633)부터 칸분 2년
(1662)이기 때문이다.

　註２、朝鮮人の差し出した書き物があり、それを鳥取藩は大久保
加賀守に提出していた。但し、それは取り上げては貰えなかったと
話している。大久保加賀守は、この朝鮮人の記した書付を読んでい
る。読んだ上で、訴訟として取り上げることはしなかった。話を聞
くため通詞を因幡へ派遣する一方、どうしても訴訟ということであ
れば、長崎へ回るよう指示を下している。異国人の因幡での訴訟は
罷り成らぬと、そのように伝えている。

　조선인이 제출한 기록물로, 그것을 톳토리한은 오오쿠보 카가노카
미에게 제출했다. 단 그것은 취급되지 않았다고 말하고 있다. 오오쿠

보 카가노카미는 이 조선인이 기록한 서부를 읽었다. 읽은 후에 소송
으로 해서 취급하는 일은 하지 않았다. 이야기를 듣기 위한 통사를
이나바에 파견하는 한편, 어쨌든 소송이라는 일이라면 나가사키로 보
내라는 지시를 내리고 있다. 이국인의 이나바에서의 소송은 안 된다
고 그렇게 전하고 있다.

○同九年七月七日江戸表ゟ飛脚到来之

六月朔日朝鮮人因幡江罷渡り候付松平方

届之書付以使者大久保

加賀守様ゟ被仰渡候旨中務殿付因幡之

内使者鈴木権平を以右之文段可然旨無之候

【大綱四十段(元禄九年七月①)】

(40-00)

○ 同九年七月七日江戸表より飛脚到来去ル六月朝鮮人因幡江罷渡り
候付従此方通詞之者被差越候様二与之儀大久保加賀守様より被仰
渡候旨申来候付因幡江之御使者鈴木権平幷真文役阿比留惣兵衛

【大綱四十段(元禄九年七月①)】

(40-00)

○ 元禄九年七月七日、江戸表から飛脚が到来した。去る六月、朝鮮
人が因幡へ罷り渡って来たので、こちらから通詞の者を派遣する
様にと、そのような事を、大久保加賀守様から仰せ渡された。そ
の旨を[江戸藩邸から]申し伝えて来たので、因幡への御使者とし
て鈴木権平、ならびに真文役として阿比留惣兵衛、

【대강 40단(겐로쿠 9년 7월①)】

(40-00)

○ 겐로쿠 9년 7월 7일에 에도에서 비각이 도래했다. 지난 6월에 조
선인이 이나바에 건너왔기 때문에, 이쪽에서 통사를 파견하도록
하라는 그러한 일을 오오쿠보 카가노카미 사마가 지시하여 보냈
다. 그 취지를 [에도 번저에서] 전해왔기 때문에 이나바에 사자
로 해서 스즈키 곤페이 및 한문 담당의 아비루 소우베에,

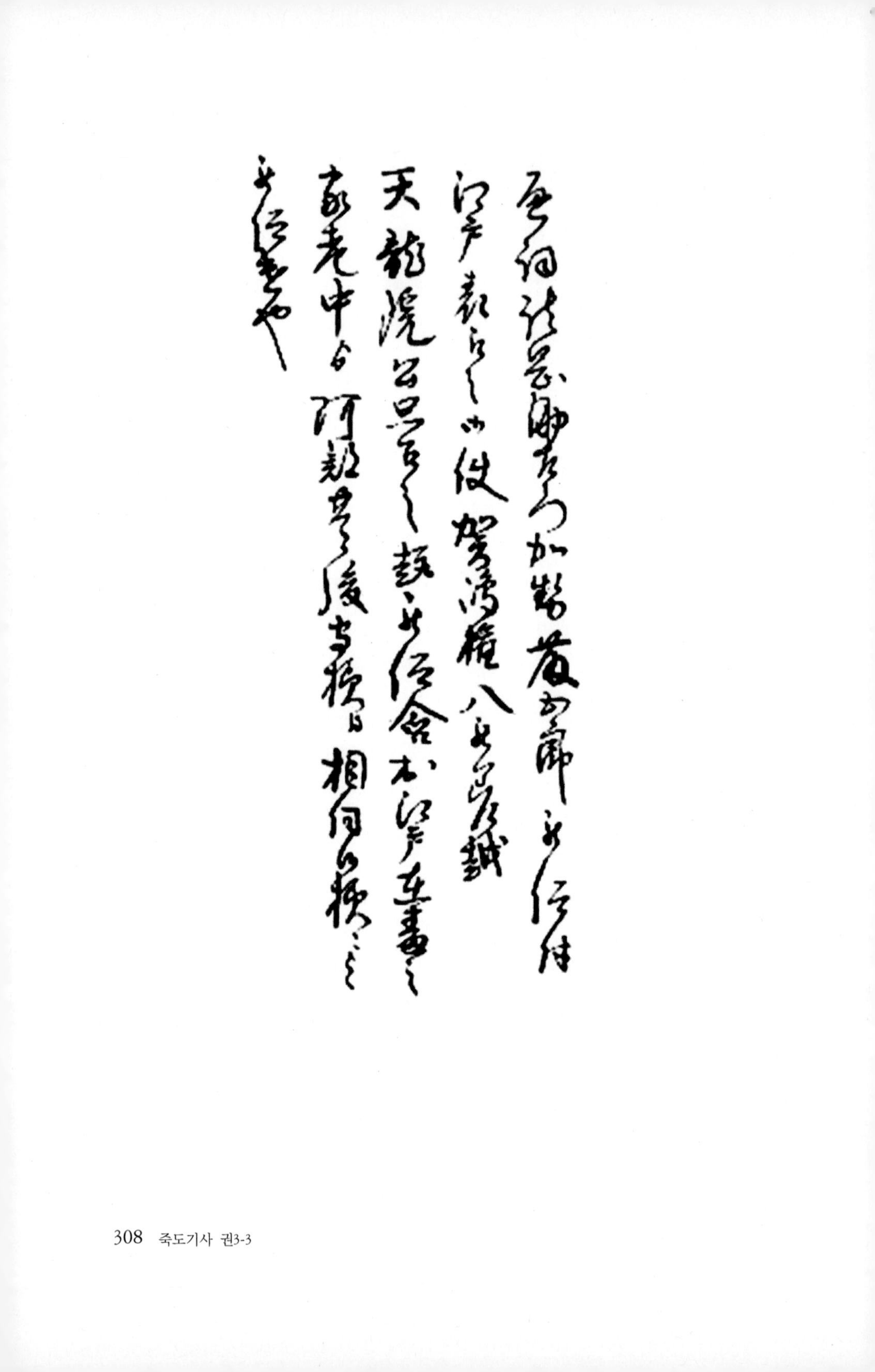

通詞諸岡助左衛門加勢藤五郎被仰付江戸表^江之御使者賀嶋権八被差越
天竜院公思召之趣被仰含於江戸在番之家老中より阿部豊後守様^江相伺
候様^ニ与被仰遣也

そして通詞として諸岡助左衛門と加勢藤五郎とが[そのお役目を]仰せ
付けられた。江戸表への御使者として賀嶋権八が派遣される事になっ
た。天竜院公から[権八に]そのお考えの趣旨が示され、それを承けて
[江戸へ向かうのである。] 江戸に於いては、在番の家老中から阿部豊
後守様へ[しっかりと]御伺いを立て[その御方針に従うよう]御指示が
あり[その上で賀嶋権八は]遣わされていった。

그리고 통사로 해서 모로오카 스게자에몬과 카세 토우고로우가 [그
역할을] 명받았다. 에도에 보내는 사자로는 카지마 곤하치를 파견하
기로 했다. 텐류우인공이 [곤하치에게] 그 생각하는 취지를 알려, 그
것을 받들어 [에도에 가는 것이다.] 에도에서는 재번 가로 중에서 누
군가가 아베 분고노카미 사마에게 [충분히] 묻고 [그 방침에 따르라
는] 지시가 있었다. [그런 후에 카지마 곤하치는] 파견되었다.

新未橋年圍列之弐鐵以月組之共
三人湖人呈怪二人相附之弓弓鐵

(40-01)

〃鈴木権平因州ᴶ罷越候付組之者三人附人足軽二人相附被差越

(40-01)

〃鈴木権平が因州へ罷り越す事になった。組の者三人を附人と
　し、足軽二人を従え、派遣されていった。

(40-01)

〃스즈키 곤페이가 인슈우에 가게 되었다. 조직인 3인을 부인으로
　해서 아시가루 2인을 거느리고 파견되었다.

(40-02)

〃権平惣兵衛并通詞出船之刻平田直右衛門申渡次第六ヶ条左ニ記之

(40-02)

〃権平と惣兵衛ならびに通詞[二人]に対し、出船の刻限に平田直右衛門が申し渡した次第の六ヶ条がある。それを左に記す。

(40-02)

〃곤페이와 소우베에 및 통사 [두 사람]에게 출선 마감 시간에 히라다 나오에몬이 말로 전한 규범 6개조가 있다. 그것을 아래에 기록한다.

〃今度因州〔江〕朝鮮人渡海　公儀〔江〕訴詔申上儀有之由申候依之従　公儀
　通詞之者差越候様〔二〕与被仰付加勢藤五郎諸岡助左衛門被仰付被差
　越候付権平儀通詞下知被仰付候彼地〔江〕罷越候共江戸表平田隼人大
　浦忠左衛門方より委細之書状

〃今度、因州へ朝鮮人が渡海し、公儀へ訴訟を申し上げる事が
　有った。その事について[この際]申しておく。これに依って公
　儀から、通詞の者を派遣するようにとの御命令があり、加勢藤
　五郎と諸岡助左衛門に[その通詞役が]仰せ付けられ[因幡に]派遣
　される事となった。それに付いて、権平には通詞下知(通詞支配
　役)が仰せ付けられた。彼の地へ罷り越しても、江戸表の平田隼
　人や大浦忠左衛門方から、委細の書状が

이번에 인슈우에 조선인이 도해하여 장군에게 소송을 올린 일이 있었
다. 그 일에 대해 [이 기회에] 말해둔다. 이것으로 장군이 통사를 파견
하도록 하라는 명령이 있어, 카세 토우고로우와 모로오카 스케자에몬
에게 [그 통사역을] 명하여 [이나바에] 파견하게 되었다. 그것에 대해
곤하치에게는 통사게지(통사 지배역)을 명하셨다. 그곳에 가서도 에
도의 히라다 하야토나 오오우라 츄우자에몬한테서 자세한 서장이

不相達内者仮令彼国之役人衆朝鮮人[江]対談仕候様[ニ]与被申掛候共右之
趣申断対談無用[ニ]可被仕候江戸表より差図有之候書付之通[ニ]仕候様[ニ]与
申渡将又竹嶋之儀抔彼国役人相尋候共不存由申決而左様之咄等不仕
様[ニ]可被相心得旨是又申渡之

達しない内は、たとえ彼の国の役人衆が朝鮮人と対談するよう申し
掛けても、右の趣旨を踏まえ、お断りをして対談せぬよう心得て置
いていただきたい。江戸表から御差図が有れば、その書付の通りに
行うよう、このように[権平に念を押して]申し渡した。ことに又、竹
嶋の事については、彼の国の役人が尋ねても、よく知らないと言っ
ておくべきで、決して竹嶋の話などを[あちらで]してはならない。そ
のように相心得て置くよう[権平に]申し渡した。

오지 않았을 때는, 설령 그 나라의 역인들이 조선인과 대담하라고 말
해도, 위의 취지를 알고 거절하여 대담하지 않는다고 생각하고 있어
야 한다. 에도에서 지시가 있으면 그 서부에 따라 행하도록, 이처럼
[곤하치가 다짐하는] 말을 해주었다. 특히 죽도의 일에 대해서는 그
나라의 역인이 물어도 잘 알지 못한다고 말해야 하며, 결코 죽도의
이야기 등을 [저쪽에서] 해서는 안 된다. 그렇게 알고 있으라고 [곤하
치에게] 지시했다.

〃朝鮮人長崎〈sup〉江〈/sup〉被送遣候儀も可有之候因幡より之御使者同前其節者
可被罷越与存候先年従彼地被送遣候ことく道中〈sup〉二〈/sup〉而自由かましき
事共不為申急度可被申付候毎日日本定たる里程〈sup〉二〈/sup〉道中可被為致候

〃朝鮮人が長崎へ回送される事は[大いに]有りうる事である。因幡
からの御使者同前に、その折には[その方らは、共に長崎に]罷り
行く事となる。先年、彼の地[鳥取]から[長崎へ何事もなく朝鮮
人が]送り遣わされた如く[今回もまた何事も無く送り遣わされる
事になるが]道中で自由がましい事を許してはならず、厳しい[警
固が]申し付けられるべきである。毎日、日本の定めた里程で道
中を進み、そのように[警固と護送の御役目を]果たし[長崎へ]到
るべきである。

〃조선인이 나가사키로 회송되는 일은 [흔히] 있을 수 있는 일이다.
이나바에서 보내는 사자와 마찬가지로, 그때에는 [그 사람들은
같이 나가사키로] 가게 된다. 선년에 그곳 [돗토리]에서 [나가사
키에 아무런 일 없이 조선인이] 송견된 것처럼 [이번에도 역시
아무런 일도 없이 송견되는 일이 되는데] 도중에서 자유스러운
일을 허가해서는 안된다. 엄한 [경고를] 명해야 한다. 매일 일본
이 정한 거리의 길을 진행하며 그렇게 [경고와 호송의 역할을]
수행하여 [나가사키에] 도착해야 한다.

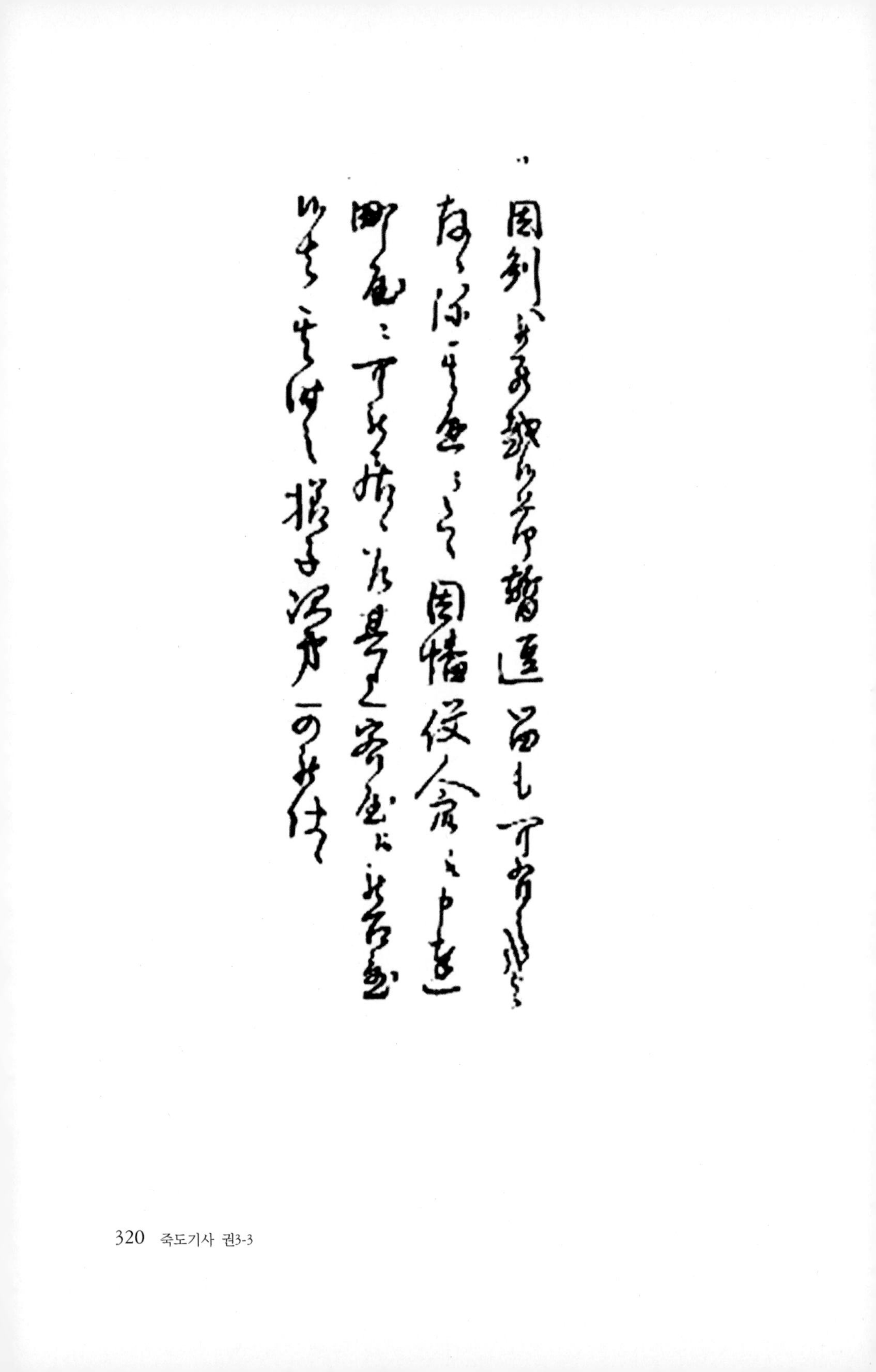

〃因州^江被罷越候節暫逗留も可有之哉与存候弥其通ニ候ハ、因幡役
人衆^江申達町屋ニ可被居候乍其上客屋^江被召置候者其時之様子次
第可被仕候

〃因州へ[その方らが]派遣されたならば、その折には、暫く逗留も
有るかと思う。いよいよ、その通りとなれば、因幡の役人衆へ
申し伝え[あちらの準備した立派な宿泊施設は遠慮し、控え目に]
町屋に居るようにすべきである。その上で、なお客屋に召し置
かれたならば、その時の様子次第で[臨機応変に、しかしあくま
でも控え目に]対処するようになさっていただきたい。

〃인슈우에 [그쪽에서] 파견되면, 그때는 잠시 두류하는 일도 있을
수 있다고 생각한다. 결국 그대로 되면 이나바의 역인들에게 말
하여 [저쪽이 준비한 훌륭한 숙박시설은 사양하고 검소하게] 마
치야에 머물도록 해야 한다. 그런데도 또 객사를 마련해두었다
면 그때의 상황에 따라서 [임기응변으로 하는데, 그래도 어디까
지나 겸손하게] 대처하도록 해주었으면 한다.

〃朝鮮人長崎^江被送遣候節此方之者共^江道中人馬旅籠錢等之御馳走
抔被仰付候ハ、達而御断被申上手前より駄賃旅籠錢等無滞相払
候様可被仕候

〃朝鮮人が長崎へ回送される折、こちらの者どもに、道中、人馬
やなど、御馳走(御振る舞い)が給付されたならば、絶対にお断り
をするように。その上で、こちらから[自分達の]駄賃や旅籠錢な
どは、滞り無く支払うように、なさっていただきたい。

〃조선인이 나가사키로 회송될 때, 이쪽 사람들에게 도중, 인마나
숙식비 등 어치주(향응)가 급부되면 절대로 거절하도록 할 것.
그것을 감안하여 이쪽에서 [자신들의] 여비나 숙식비 등은 정체
되는 일 없이 지불하도록 해주셨으면 합니다.

〃備前岡山より因州江被罷越候節并彼津江着船之刻御城下之儀ニ候
　間諸事気を付候様可被仕候

〃備前岡山から因州へ向かう折、ならびに彼の津へ着船の折[その地
　は岡山藩主池田公のおられる]御城下の事であり、諸事、気を付け
　て[礼を失しないようにして通過なさるよう]配慮をされたい。

〃히젠오카야마에서 인슈우로 향할 때, 및 그 포구에 착선할 때
　[그곳은 오카야마 한슈 이케다공이 계시는] 성하이므로, 모든 일
　에 주의하여 [예를 잃지 않도록] 배려했으면 한다.

胡鮮人車預候事ハ清左以候ニ付
作付候も可申上候
呂練以諸筆扇を入此狼可申
候也

〃朝鮮人直様此方^江請取候様^二与被仰付儀も可有之候其節者無油断
諸事念を入候様可被致候

〃朝鮮人を直ぐさま、こちらへ請け取るよう、そのように仰せ付
けられる事も有り得る事である。そのような折には、油断無く
諸事に付き、念を入れ[対処するよう]なさっていただきたい。

〃조선인을 즉시 이쪽에 인계하도록, 그렇게 명받는 일도 있을 수
있는 일이다. 그러할 때는 유단 없이 모든 일에 주의하여 [대처
하여] 주셨으면 합니다.

竹島權八後船中十揚道中言

子進と〱□□七月十五日□出帆

八月克□□□□□

(40-03)

〃賀嶋権八儀船中十日切道中六日早追を以被差登七月十日御国出
帆同月廿九日江戸参着

(40-03)

〃賀嶋権八については、船中十日を切り、道中六日ほど早追い(短
縮)を以て[江戸へ]差し登った。すなわち七月十日に御国を出帆
し、同月二十九日[いや六日ほど早追いのため二十三日]に江戸に
参着した。

(40-03)

〃카지마 곤하치에 대해서는, 선중의 일정을 10일에 마쳐 길을 6일
정도 (단축)하여 [에도에] 올라갔다. 즉 7월 10일에 쓰시마를 출
범하여 동월 29일[아니 6일 정도 빠르기 때문에 23일]에 에도에
도착했다.

一柳八ん四海ゟ浮表弓免中が
作をん　天都尾る四宮そ而書付
あゝ池し

(40-04)

〃権八[江]御渡シ被成江戸表家老中[江]被仰遣候　天籠院公思召之御書
　付左[二]記之

(40-04)

〃権八へお渡しになり、江戸表の家老中へ遣わした　天籠院公のお
　考えを示す御書付がある。それを左に記す。

(40-04)

〃곤하치에게 건네, 에도의 노중에게 보낸 텐류우인공의 생각을
　전하는 서계가 있다. 그것을 아래에 기록한다.

一

一 今度如何様之訴詔申上候与之儀者御存不被成候得共因州〓志シ候
　而渡海仕其上先年竹嶋〓参候アンヒチヤク与申者も乗罷渡候由〓
　候故定而竹嶋之訴詔にても可有之哉然者　公儀〓も結構〓御了簡
　被遊朝鮮国之為〓も宜敷様被仰付候処〓未申渡候内右之訴詔之様
　子御聞届被成候而者彼方〓者訴詔

一 今度[罷り来た朝鮮人は]どのような訴訟を申し上げるのか分から
　ないが[ともかく彼等は]因州を目指して渡海してきた。その上、
　先年竹嶋へ参ったアンヒチヤクと申す者も[この船に]乗って渡っ
　て来たという。だから多分、竹嶋についての訴訟かもしれな
　い。そうであれば[竹嶋の件については今年一月、すでに]公儀で
　結構な御取り計らいをいただいている。朝鮮国の為にも宜しい
　ように仰せ付けられている。そのような処に[新たな訴訟などが
　あれば混乱が生じる。]未だ[彼の国に、こちらからの宜しい御
　取り計らいを]申し渡してはいない。そのような内に、右の訴
　訟[を承け]その様子を[公儀が]御聞き届けに成られては[混乱が
　生じる。]あちら[朝鮮]にとっては、こうして訴訟を

1. 이번에 [건너온 조선인은] 어떤 소송을 말할 것인지를 알 수 없
　으나 [어쨌든 그들은] 인슈우를 목적지로 해서 도해하여 왔다.
　그 위에 선년에 죽도에 왔던 안히챠쿠라는 자도 [이 배에] 타고
　왔다 한다. 그러므로 어쩌면 죽도에 대한 소송일지도 모른다. 그
　렇다면 [죽도일건에 대해서는 금년 1월에 이미] 막부에서 좋은
　해결책을 지시받았다. 조선국을 위해서도 좋은 명을 받았다. 그

러한 상황인데 [새로운 소송 등이 있으면 혼란이 생긴다.] 아직
[그 나라에 이쪽의 좋은 해결책을] 전하지 않고 있다. 그러는 사
이에 위의 소송[을 받아] 그 상황을 [장군이] 들으시면 [혼란이
생긴다.] 저쪽 조선으로서는 이렇게 소송을

申上候故御聞分被成候而如此被仰付候与可存候左候而者以来共ニ少之
儀ニ而も直ニ訴詔可仕与申候而者　公儀ニ茂御六ケ敷事度々可被聞召上
候殊刑部大輔江役儀被仰付置候規模も無之候故願者如何様之訴詔にて
も日本国与朝鮮国とハ古来より契約有之而何事ニ而も対州より取次不
申候而者御聞届不被成筈ニ

申し上げたがゆえ[この度]御聞き届けになられ、このように[結構な
お取り計らいを]仰せ付けられたと、そのように思う事であろう。そ
うであれば今後共に、少しの事でも直ちに訴訟をしようと言うこと
になる。そうなっては公儀に於いても御難しい事を度々聞かされる
事になる。殊に刑部大輔への役儀[について言えば、それはもっぱら
朝鮮向けのものであり]それを仰せ付けられ、その役儀の規模も[ここ
に制限などは]無い。それゆえ願うところは[朝鮮との事は全て対州を
通して頂きたいというものである。] 如何様の訴訟であっても、日本
国と朝鮮国とは古くから契約が有り、何事も対州で取次ぎをしなく
ては御聞き届けに成られぬ筈である。

말씀드렸기 때문에 [이번에] 들으시고, 이렇게 [좋은 해결책을] 지시
받았다고 그렇게 생각할 것이다. 그렇게 되면 금후로는 조그만한 일
이라도 직접 소송하려고 하는 일이 된다. 그렇게 되면 장군으로서도
어려운 일을 자주 듣게 되는 일이 된다. 특히 교우부 다이스케의 역
할[에 대해서 말하자면 그것은 오직 조선을 상대로 하는 일로] 그것
을 명받아, 그 역할의 규모도 [여기에 제한 등이] 없다. 그렇기 때문에
원하는 것은 [조선과의 일은 모두 타이슈우를 통해햐 한다는 것입니

다.] 어떤 소송이라 해도 일본국과 조선국은 옛날부터 계약이 있어, 무슨 일이고 타이슈우에서 주선하지 않으면 이루어질 수 없습니다.

候故何方江罷越候而も御取上不被成候間急度帰国仕弥不申上候而不叶
事ニ候ハ、何ケ度も刑部大輔を以可申上之旨被仰付御還シ被成候ハ、
其内ニ者訳官も渡海可仕候間刑部大輔江兼而被仰付候趣可申渡候左候
而者訴詔御聞不被成前廉ニ被仰付置候段慥ニ相知候而以来迄之為ニ可然
与奉存候若訴詔之

それゆえ何方に罷り越しても[朝鮮に関わる事は、その所では]御取り
上げに成られぬ仕来りである。そのような事情にある所なので[彼の
朝鮮人たちには]厳しく帰国を申し付けられるべきで、いよいよ、そ
のように申し上げなければ叶わぬ事である。[朝鮮についての]何事
も、その度ごとに刑部大輔[を介し、その名]を以て[公儀へ]申し上げ
るべきで、そのような趣旨を[因州へも]仰せ付けられ[この朝鮮人を本
国へ即座に]御還しに成るべきである。そうしたならば、その内には
[あちらから]訳官も渡海して来るであろう。そうなれば刑部大輔へ兼
ねてから仰せ付けられている趣旨を[その折、この訳官へ]申し渡そう
と思う。そのような事であるから[朝鮮人の]訴訟を御聞き入れに成ら
れず、以前(御先代様)からの仰せ付け通り[対馬以外では朝鮮の事は扱
わないという]事を、しっかりと承知し[追い返して]置く事である。
それは今後の為にも当然の事と思っている。もしも訴訟の様子を

그렇기 때문에 어디에 가도 [조선에 관한 일은 그곳에서는] 취급하지
않는다는 것이 관습이다. 그와 같은 사정이 있는 것이기 때문에 [그
조선인들에게는] 엄하게 귀국을 명해야 하며, 결국 그렇게 말하지 않
으면 안 된다. [조선에 대한] 어떤 일도 그때마다 교우부 다이스케를

[매개로 해서, 그 이름]으로 [장군에게 말씀드려야 한다고, 그러한 취지를 [인슈우에도] 명하시어, [이 조선인을 본국으로 즉시] 돌려보내야 한다. 그렇게 하면 그 사이에 [저쪽에서] 역관도 도해할 것이다. 그렇게 되면 교우부 다이스케에게 전에 명하셨던 취지를 [그때, 이 역관에게] 말로 전할 생각이다. 그러한 일이므로 [조선인의] 소송을 받아들이지 말고, 이전 (선조 분들)의 명령대로 [쓰시마 이외의 곳에서는 조선의 일을 취급하지 않는다는] 것을 준명히 알려서 [돌려보내]야 한다. 그것은 금후를 위해서도 당연한 일이라고 생각한다. 만일 소송의 상황을

様子被聞召候而者前以刑部大輔^江被仰付置候とハ不存今度朝鮮人差渡直
二訴詔仕候故事六ケ敷罷成候与被思召上願之通二被仰付候与彼国^江可存候
左候而者如何二奉存候故此段存寄申上候由被申上可然与被思召上候

[公儀が]御容認なさるような事となれば、今後、前以て刑部大輔へ知
らせ[朝鮮のことについて仲介を]仰せ付けるような事が無い事になっ
てしまう。今度の朝鮮人の[因幡への]差し渡しが、直ちに訴訟をする
という事になってしまっては[仲介する対馬の役割は消え]事態は、い
よいよ難しい段階に罷り成って行く事であろう。そのように思われ
るので、そうであれば[我らの]願いの通りに[ここできっぱりと対馬
以外では朝鮮の事は受け付けないと]仰せ付けをしていただき、その
[御方針を]彼の国へも承知させておくべきである。そうであるので、
どのように考えても、この事については[こちらの]思っている事を
[公儀へ]申し上げなければならない。[そうすれば]それは全くその通
りだと[また公儀も]思われる事であろう。

[장군이] 용인하시는 것이 되면, 금후로는 전에 교우부 다이스케에게
알려 [조선의 일에 대한 중개를] 명령하시는 것과 같은 일이 없어지
고 맙니다. 이번에 조선인이 [이나바에] 건너온 일이, 직접 소송한다
고 하는 일이 되고 말면 [중개하는 쓰시마의 역할은 사라져] 사태는
점점 어려운 단계로 되어갈 것입니다. 그렇게 생각되기 때문에 그러
하니 [우리들이] 원하는 대로 [여기서 확실하게 쓰시마 이외에는 조
선의 일을 접수하지 않는다고] 지시하여 주시고 그 [방침을] 그 나라
에도 알려두셔야 합니다. 그렇기 때문에 아무리 생각해도 이 일에 대

해서는 [이쪽에서] 생각하고 있는 것을 [장군에게] 말씀드리지 않으
면 안 된다. [그렇게 하면] 그것은 과연 그대로라고 [장군도] 생각하
실 것이다.

一　今度之訴詔之儀如何様之儀願申事ニ候哉不相知候故右之思召寄被
　　仰遣候段御遠慮も可有之事ニ候得共唯今竹嶋之出入未相済不申候
　　故竹嶋之事ニ而も可有御座哉与被思召上候故被仰進候間此段能被
　　相心得宜様ニ可被申上候已来共ニヶ様ニ候而者御役目も御勤難被
　　成儀ニ候間此段者何とそ此方思召之通ニ被仰付候得かしと被思召
　　上御事候

一　今度の[朝鮮人の]訴訟については、どのような事を[彼らは]願い
　　出るのであろうか。[こちらでは皆目]分からない。それゆえ右
　　の[御隠居様の]お考えを[公儀へ]お伝えいただかなくてはならな
　　い。それには御遠慮も有る事であろう。だが唯今、竹嶋の問題
　　が未だ解決に至っていないため[訴訟の件は、おそらく]竹嶋の
　　事で有ろうと[そのように御隠居様は]お考えになっておられ
　　る。それゆえ[右のお考えを]仰せられるのである。この事を能
　　く相心得て[公儀へ]宜しい様に申し上げていただきたい。今後
　　共に[朝鮮の事について、他所で取り扱うという事があれば、対
　　州が朝鮮の]御役目を御勤めすることは成り難い事である。この
　　事は、何とぞこちらの考えの通りに、お話しをしていただきた
　　い。そのように[御隠居様は]お考えになっておられる。

1. 이번의 [조선인의] 소송에 대해서는 어떠한 일을 [그들은] 소원
   할 것인가. [이쪽에서는 전혀] 알지 못한다. 그래서 위의 [은거하
   신 분의] 생각을 [장군에게] 전해두지 않으면 안 된다. 그것에는
   원려도 있을 것입니다. 그러나 지금 죽도문제가 아직 해결되지

않았기 때문에 [소송의 건은 아마도] 죽도의 일일 것이다. [그렇게 은거하신 분은] 생각하고 계신다. 그래서 [위의 생각을] 말씀하시는 것이다. 이 일을 잘 생각해서 [장군에게] 잘 되도록 말씀드려 두고 싶다. 금후에도 [조선의 일에 대해서는 타소에서 취급한다고 하는 일이 있으면, 타이슈우가 조선의] 역할에 근무하는 일은 하기 어려운 일입니다. 이 일은 어떻게든 이쪽의 생각대로 이야기를 해두고 싶다. 그렇게 [은거하신 분은] 생각하시고 계신다.

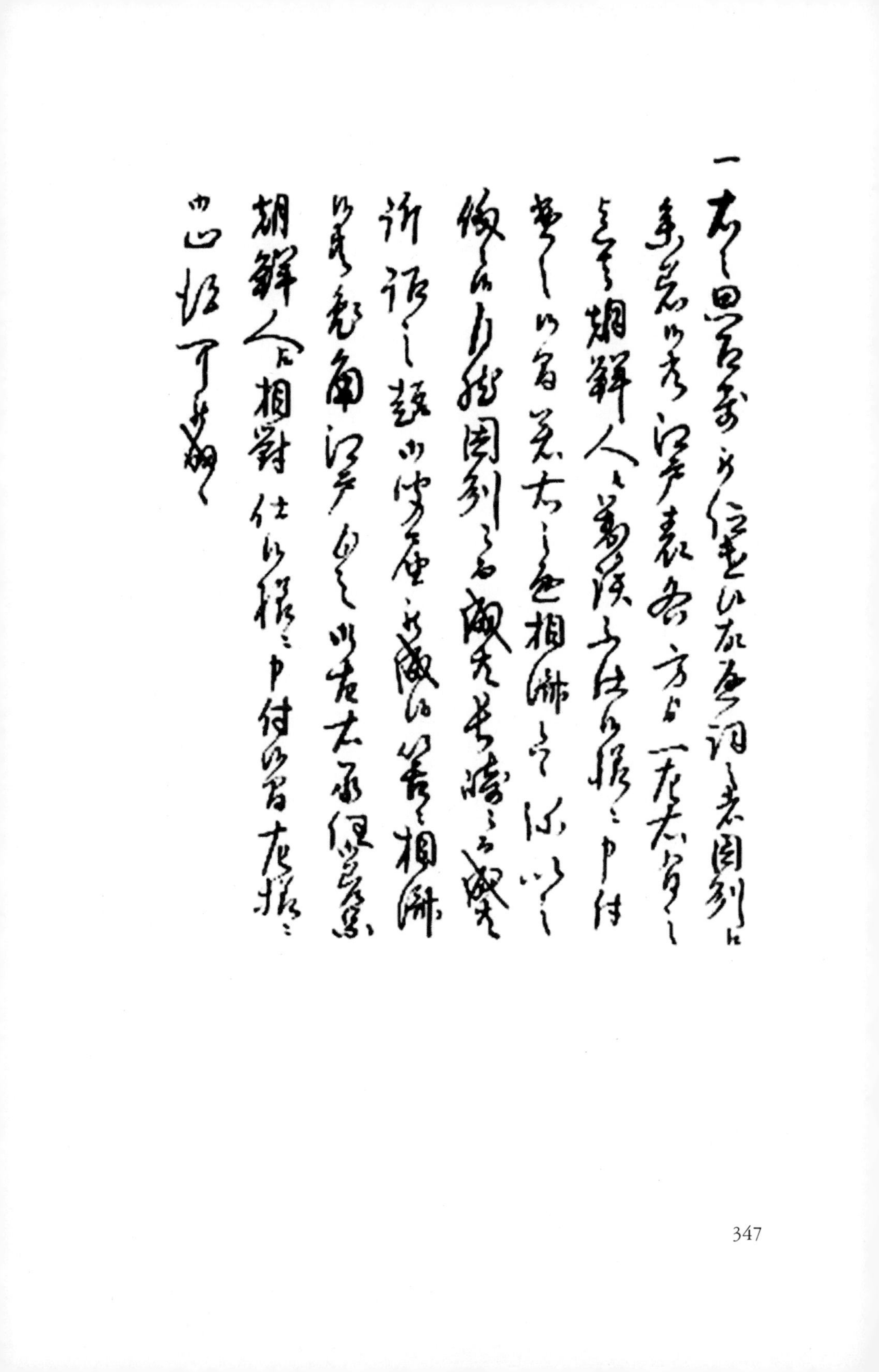

一 右之思召寄被仰遣候故通詞之者因州^江参着候共江戸表各方より一
　左右有之迄者朝鮮人^江対談不仕候様^ニ申付遣之候間若右之通相済
　候ハヽ弥以之儀^ニ候乍然因州^ニ而成共長崎^ニ而成共訴詔之趣御聞
　届被成候筈^ニ相済候共兎角江戸より之御左右承任御差図朝鮮人^江
　相対仕候様^ニ申付候間左様^ニ御心得可被成候

一 右の[御隠居様の]お考えを[公儀へ]お伝えいただく事になるが、
　それゆえ通詞の者が因州へ参着しても、江戸表の各方から一報
　が有る迄は、朝鮮人と対談をしないように申し付けをして、派
　遣している。それゆえ、もし右の通りに[朝鮮の事は対州にと言
　うことに]済めば、いよいよ、この[者ども]を以て[朝鮮人との対
　談を許可]すればよい事である。だがそうではなく、因州であろ
　うと長崎であろうと[対州ではない所で]訴訟が成される事にな
　り、その趣旨を[公儀が]お聞き届けに成られた場合[こちらの対
　応には配慮が必要である。そのような折]その手筈となれば、兎
　も角も江戸からの御通知[があるので、それ]を承り、その御差
　図の通りに[行動し]朝鮮人へ相対する様にと[彼らに]申し付けて
　ある。それゆえ、そのように御心得に成って[公儀の御方針を確
　認し、改めて通詞の一行に御指示を]なされたい。

1. 위의 [은거하신 분의] 생각을 [장군에게] 전해드리는 일입니다만
　그것 때문에 통사자가 인슈우에 도착해도, 에도의 여러분의 연
　락이 있을 때까지는 조선인과 대담하지 말 것을 지시하여 파견
　했다. 그래서 만일 위와 같이 [조선의 일은 타이슈우에라는 식으

로 일이] 끝나면, 그때 이[자들]의 [조선인과의 대담을 허가]하면 되는 일이다. 그러나 그렇지 않고 인슈우이든 나가사키이든 [쓰시마가 아닌 곳에서] 소송이 이루어지게 되어, 그 취지를 [장군이] 들으시게 되었을 경우 [이쪽의 대응에는 배려가 필요하다. 그러할 경우] 그렇게 되다면 어쨌든 에도의 통지[가 있기 때문에, 그것]을 받아 그 지시대로 [행동하며] 조선인과 상대하도록 하라고 [그들에게] 지시했다. 그래서 그렇게 생각하고 [장군의 방침을 확인하고 통사 일행에게 다시 지시를] 하고 싶다.

一 右之趣被申上候而も此方思召寄之通ニハ難成事ニ候間弥長崎江被送
　遣筈ニ御差図被成候与之御事ニ候ハ、各より伯耆守様衆江被頼鈴木
　権平方江書状差越候而朝鮮人ニ対談仕通詞与御用相達候様ニ与可
　被申越候夫迄ハ伯耆守様衆江御断申候而対談不仕候様ニ通詞共ニ
　申付差越候

一 右の趣を[公儀へ]申し上げても、こちらの考え通りには[なかなか]
　成り難い事である。結局[朝鮮人は]長崎へ送り遣わされる事にな
　る筈であり、そのように[公儀は]御差図に成られる事であろう。
　そうであれば、各々から伯耆守様[の御家来]衆へお頼みし[因州に
　居る筈の]鈴木権平方へ書状を差し遣わし[その中で]朝鮮人と対
　談し通詞と[協力し、長崎への回送の]御用を済ませるよう、申
　し遣わして欲しい。それ迄は伯耆守様[の御家来]衆へ御断りを
　し[朝鮮人と]対談をしないよう[そちらからも]通詞共に申し付
　けて置いて欲しい。

1. 위의 취지를 [장군에게] 말씀드려도 이쪽 생각대로는 [좀처럼]
　되기 어려운 일이다. 결국 [조선인은] 나가사키에 보내지게 될
　것이므로, 그렇게 [장군은] 지시하실 것이다. 그렇게 되면 각자
　가 호우키노카미 사마[의 가신]들에게 부탁하여 [인슈우에 있을]
　스스키 곤페이 쪽에 서장을 보내 [그중에서] 조선인과 대담하고
　통사와 [협력하여 나가사키로 회송하는] 용무를 마치도록 하라
　고 말을 전해주었으면 한다. 그때까지는 호우키노카미 사마[의
　가신]들에게 거절하여 [조선인과] 대담하지 않도록 하라고 [그
　쪽에서도] 통사들에게 지시해두었으면 한다.

一 此方より被仰遣候通ニ者難被成事ニ而兎角訴詔之様子於長崎御聞
　被成候上ニ而者兼而被仰付置候趣被仰渡候共前以之御了簡とハ
　不存訴詔仕候故願之通相叶候与存候而者以来共ニ大切ニ被思召上
　候只今迄さへ竹嶋之儀　公儀之思召者左程ニ無之候得とも御国
　之御働ニ可被成与思召御一分之御

一 こちらから[公儀に]申し上げる通りには[なかなか]成り難い事で
　あろう。兎も角も訴訟の様子は、長崎で御聞きに成られた上
　で、兼ねて[の例に沿い、その後は対馬に]仰せ付けを行うとい
　う趣旨を以て仰せ渡される事になろう。しかし前もって[準備さ
　れていた]御考えには無い訴訟が起こったのであり[それに急
　遽、対応するために]その願いの通りを[そのまま]叶えさせてし
　まうことも[大いに]有り得る事である。もしそうなれば以後[長
　崎での朝鮮人の訴訟が前例となり、幕閣の方々は、その前例を]
　共に大切にお考えなされるようになる。只今までの所、竹嶋に
　ついての事は、公儀のお取り計らいは左程では無く、御国の御
　働きで処理すべきものと[そのように]お考えいただいてきた。
　それを[今回、加賀守様]御一人の御

1. 이쪽에서 [장군에게] 말씀드리는 대로는 [좀처럼] 되기 어려울
   것이다. 어쨌든 소송의 상황은 나가사키에서 들으신 후에, 전부
   터[의 예에 따라, 그 후에는 쓰시마에] 지시를 한다고 하는 취지
   로 명령하시게 될 것이다. 그러나 미리 [준비하고 있던] 생각에
   없는 소송이 일어났으므로 [그것에 급거 대응하기 위해] 그 원

하는 것을 [그대로] 들어주고 마는 일도 [충분히] 있을 수 있는
일이다. 만일 그렇게 되면 이후 [나가사키에서 하는 조선인의 소
송이 전례가 되어 막각의 여러분들은 그 전례를] 모두 소중하게
생각하시게 된다. 지금까지는 죽도에 대한 일은 장군의 생각은
그 정도가 아니고, 나라(쓰시마)의 활동으로 처리해야 하는 것이
라고 [그렇게] 생각하고 있었다. 그것을 [이번에 카가노카미 사
마] 한 분의

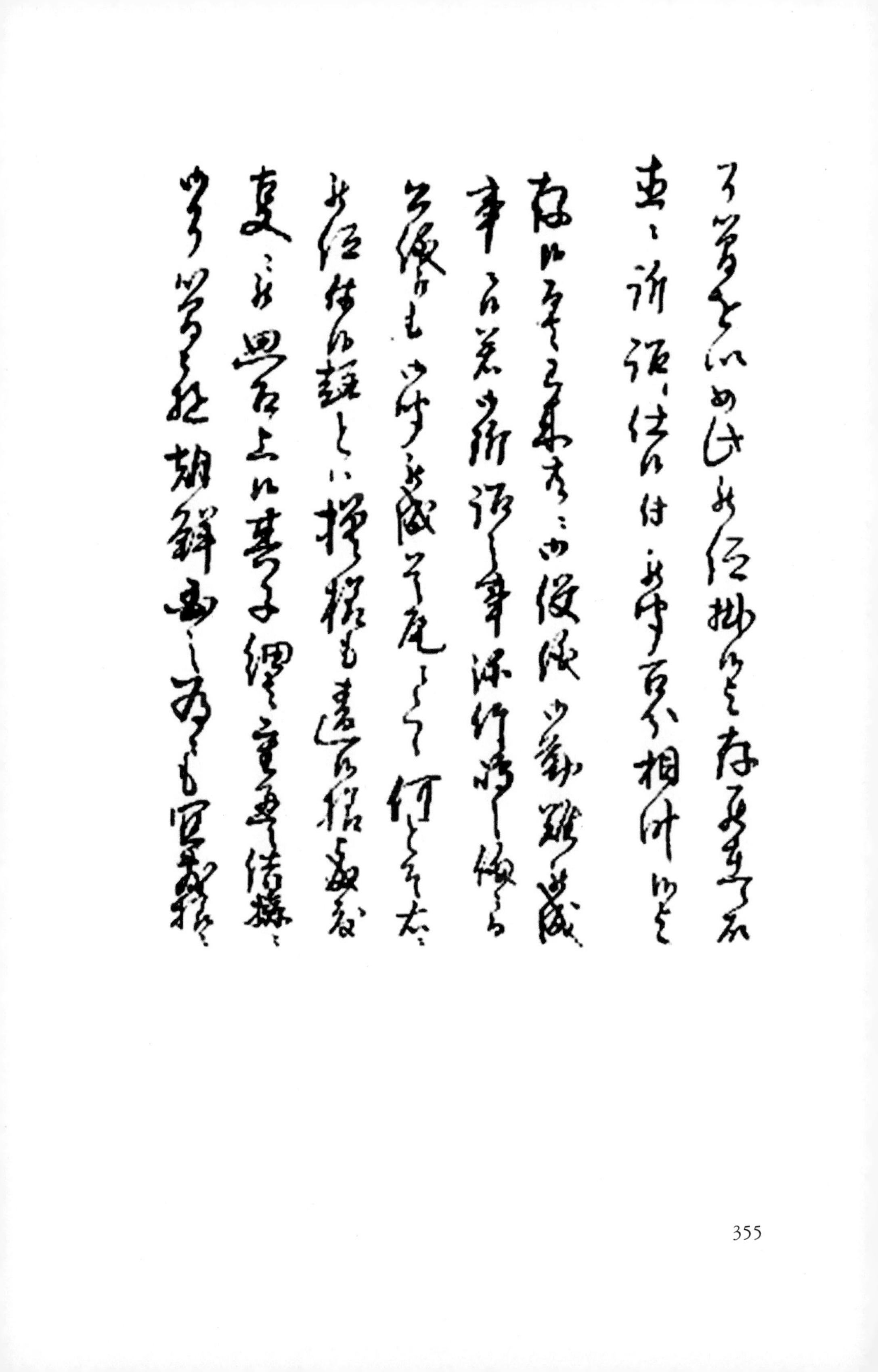

了簡を以如此被仰掛候与存罷在候故直゠訴詔仕候付被聞召分相叶候与
存候而者已来共゠御役儀御勤難被成事゠候若御訴詔之事弥竹嶋之儀゠而
公儀江も御聞被成首尾゠候ハ丶何とそ右゠被仰付候趣とハ模様も違候様
被成度事゠被思召上候其子細者重畳之結構゠御了簡被遊朝鮮国之為゠も
冝敷様゠

職分による御考えで、このような[現地から長崎という扱いの]事を仰
せ掛けられてしまった。[朝鮮から、わざわざ]罷り来たので[対馬を
飛び越し、現地から長崎にて]直ちに訴訟を受け付けて、お聞きにな
るという事が叶ってしまう。そうなってしまっては、将来に亘り[朝
鮮役としての対州の]御役儀は、御勤めとして成り難い事になってし
まう。もし御訴訟の事が、いよいよ竹嶋の事であれば、公儀も御聞
きに成られている一件であるので、何とぞ右に仰せ付けられた[長崎
経由の]趣旨とは模様も違うような御方針で[今一度]お考えをいただ
きたい。その[竹嶋の]子細については[すでに対馬を介し]何度も重ね
ての御吟味により、結構に御考えなさった処理方法があり、それは
朝鮮国の為にも宜しい処理方法であった。そのような御方針が

직분에 의한 생각으로, 이와 같은 [현지에서 나가사키로라는 취급의]
일을 명받고 말았다. [조선에서 일부러] 왔기 때문에 [쓰시마를 건너
뛰어 현지에서 나가사키로 가서] 바로 소송을 접수하여 들으시게 된
다고 하는 일이 이루어지고 만다. 그렇게 되어버리면 장래에는 [조선
역으로서의 타이슈우의] 역할은 근무하기 어려운 일이 되고 만다. 만
일 소송의 일이 결국 죽도의 일이라면, 장군도 들으시고 있는 일건이

기 때문에, 아무쪼록 위에서 명령하신 [나가사키 경유의] 취지와는 모양도 다른 것 같은 방침으로 [지금 다시 한 번] 생각해주었으면 한다. 그 [죽도의] 자세한 것에 대해서는 [이미 쓰시마를 매개로 하여] 몇 번이고 되풀이한 조사로, 좋다고 생각하신 처리방법이 있는데 그것은 조선국을 위해서도 좋은 처리방법이었다. 그와 같은 처리방침이

御隠居様江被仰付候処未其段被仰渡も無之落着之様子をも不承届候而
御役目を差置古法を破直訴仕候段不届成仕形候畢竟直ニ訴詔さへいた
し候得者結構ニ被仰付候与存候而者已来之儀如何被思召上候今度直訴
いたシ候付　公儀向ニも右之御心入とハ振替り首尾悪敷

[公儀から]御隠居様へ仰せ付けられたのである。だが、未だその事が
[朝鮮へ]伝達されていないこのような段階で、すなわち落着の様子も
[まだ]承り届けられていないこのような段階で、我らの御役目を差し
置いて、古法を破り直訴するような事は、不届きな仕形である。結
局のところ、直ちに訴訟さえすれば、結構な事を仰せ付けられる
と、そのように[朝鮮の側に]思われては、将来に亘り禍根を残す。今
度、直訴した事によって、公儀に向けては[逆の効果を生んでしまう
と、つまり]右の御心入れとは振り替り、首尾が悪く

[장군이] 은거하신 분에게 명령하신 것이다. 그러나 아직 그 일이 [조
선에] 전달되지 않은 이러한 단계로, 즉 낙착의 상황도 [아직] 전달히
지 않은 이러한 단계에서, 우리들의 역할을 제쳐두고 고법을 깨뜨리고
직소하는 것과 같은 일은 발칙한 방법이다. 결국은 바로 소송만 하면
원하는 일을 지시받을 수 있다고 그렇게 [조선 측이] 생각하게 되면 장
래에 화근을 남긴다. 이번에 직소한 것으로, 장군에게 말하면 [오히려
역효과를 보고 만다고, 즉] 위의 생각과는 달리 상황이 나쁘게

罷成候与彼方〻も及承候様〻御座候得者御役目之為〻已後共〻被成能事〻
候是ハ此方之御為之事〻候故強而者難被仰上事〻候得共吉左衛門迄忠
左衛門物語之様〻被申達吉左衛門自分之存寄之様〻成共被申上候而以
来御役儀御勤被成能様〻御了簡有之候様可被相頼候

成ってしまうと、そのようにあちら[朝鮮]にも思って貰わなければな
らない。そうなれば、今共[対州の果たす]御役目の為には、宜しい事
になる。この事は、こちら日本の御為にもなる事である。ただ、強
いては言い難い事であるが、このような事を、吉左衛門まで忠左衛
門が物語の様にして申し伝え、それを吉左衛門が、自分の考えの様
にして[豊後守様へ]申し上げれば[豊後守様は]以後の御役儀を御勤め
なさる折[この考えを承け]宜しい様に御思案なさる事であろう。その
ように[運ぶよう、この際、吉左衛門に]依頼なさるべきである。

되고 만다. 그렇게 저쪽 [조선]도 생각하지 않으면 안 된다. 그렇게 되
면 지금이라도 [타이슈우가 수행하는] 역할을 위해시도 좋은 일이다.
이 일은 이쪽 일본을 위하는 일이 된다. 다만 억지로 말하기는 어려
운 일이나 이와 같은 일을 요시자에몬에게 타다자에몬이 말하는 것
으로 해서 전달하여, 그것을 요시자에몬이 자신의 생각인 것처럼 해
서 [분고노카미 사마에게] 말씀드리면 [분고노카미 사마는] 이후에
역직에 근무하실 때 [이 생각을 이해하고] 좋도록 생각하실 것이다.
그렇게 [하자고, 이 기회에 요시자에몬에게] 의뢰해야 한다.

一　長碕ニ送り遣候此方ニて遣し候

被遣候得共、

結構ニ付、朝鮮人

入も先年ゟ

捕へ候へ共、結構ニ付、能き

一 長崎^江送遣候共此方^江被送遣候共法を破他国^江罷渡りたる者^ニ候間
　　御馳走等結構^ニ被仰付候而者弥朝鮮人存入も已来悪敷可罷成候
　　先年被捕置候者共も結構^ニ御馳走被仰

一 長崎へ送られるにしても、こちらへ送られるにしても、法を破っ
　　て他国へ渡って来た者たちであり、御馳走など結構に仰せ付けら
　　れては、いよいよ朝鮮人の考え方は、今後、悪く成っていくで
　　あろう。先年、捕らえ置かれた者共が、結構に御馳走を仰せ

1. 나가사키에 보내진다 해도 이쪽으로 보내진다 해도 법을 어기고
　　타국에 건너온 자들이므로, 음식 등을 잘 대접하라고 명받아서
　　는, 더욱 조선인들의 생각은 금후로 나빠져 갈 것이다. 선년에
　　붙잡혔던 자들이 좋은 대접을 명

付候処此方ᵉ御請取被成候已後者人質之様ᵉ被成候故くい違出来候而
于今至而事之障りᵉ罷成候間訴詔ᵉ罷越候者共之御馳走被仰付様可有
之事ᵉ存候而そと吉左衛門迄可被申達候

付けられたので、こちらへ請け取った後[過酷な]人質の様に成ってし
まい、くい違いが起こってしまった。今後[このようになっては]至っ
て事の障りに成るので、訴訟に罷り越した者共に対し[優遇して]御馳
走を仰せ付けられるなどは、有ってはならない事と思う。それゆ
え、そのような事を、そっと吉左衛門にまでは申し伝えておくべき
である。

받았기 때문에 이쪽에서 인계받은 후에 [과혹한] 인질처럼 되어버려,
오해가 생기고 말았다. 금후로 [이렇게 되면] 결국 장애가 되기 때문
에 소송하기 위해 온 자들을 [우구하여] 후대를 명하거나 하는 일이
있어서는 안 된다고 생각한다. 그래서 그와 같은 일을 슬쩍 요시자에
몬에게는 말해누어야 한다.

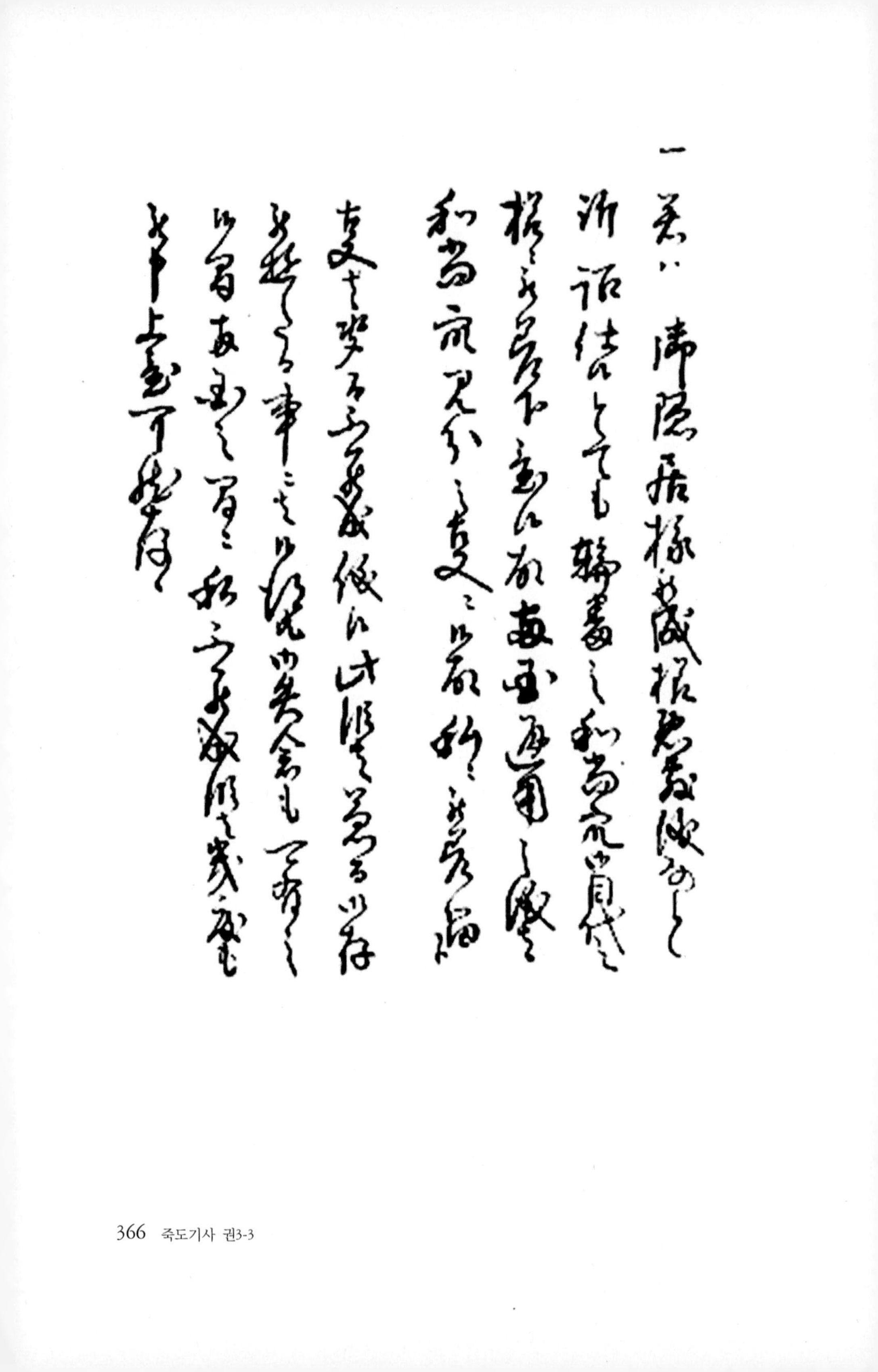

一 若ハ　御隠居様被成様悪敷儀なと訴詔仕候とても輪番之和尚衆
　御目代之様ニ被差下置候故両国通用之儀者和尚衆見分之事ニ候
　故私ニ被差留候事者決而不罷成儀候此段者兼而御存被遊たる事ニ
　者候得共御失念も可有之候間両国之間ニ私不罷成段者幾度も被
　申上置可然存候

一　もし御隠居様の成され方が悪いなどの訴訟を受けたとしても、輪
　番の和尚衆が御目代の様にして[対州に]差し下し置かれている。
　両国通用の事は[公的に]この和尚衆が見分けを行っている。それ
　ゆえ私的である[という理由で、通用のお役目が]差し留められる
　ような事は無い。この事は兼ねてから[公儀も]御存じの事ではあ
　るが、御失念という事も有るので、両国の間に[対州の]私的な
　関与が成立するような事は決して無いと[公儀へ]幾度も申し上
　げて置かれるべきである。

1. 만일 은거하신 분이 하신 일이 나쁘나는 등의 소송을 받았다 해
　도 윤번의 화상들이 대행히 (모쿠다이)로 [타이슈우]에 내려보내
　두고 있다. 양국 통용의 일은 [공적으로] 이 화상들이 판단하고
　있다. 그래서 사적이라고 [하는 이유로 교류의 담당자가] 보류하
　는 것과 같은 일은 없다. 이 일은 전부터 [장군도] 알고 있는 일
　이나 망각하는 일도 있으므로, 양국 간에 [타이슈우의] 사적인
　관여가 성립하는 것과 같은 일은 결코 없다고 [장군에게] 몇 번
　이고 말씀드려 두어야 한다.

一 朝鮮人共因州より直ニ御帰シ被成候事ハ如何ニ候故訴詔之様子御
　　聞不被成候而者御帰シ難被成与之思召ニ候ハ、刑部大輔方ェ直様
　　御渡シ被成訴詔之趣承届取次申候様ニ被仰付候得者責而御役儀
　　之詮も立宜敷御座候間此段能々可被申上候乍然願くハ直被差帰
　　候様被成度被思召上候間左様ニ可被相心得候

一 朝鮮人どもを因州から直接[母国へ]帰してしまっては、果たして
　　如何なものかと、訴訟の様子を聞かぬまま帰してはならない
　　と、そのように[公儀は]お考えになられるかもしれない。[その
　　場合]刑部大輔方へ直接[彼らを]お渡しに成られ、訴訟の趣旨を
　　承け、その取次ぎをするよう御指示があれば、せめても[両国通
　　用という]御役儀にある[対州としての]立場も立ち、宜しい事で
　　ある。それゆえ、この事を能く能く[公儀へ]申し上げて置くべ
　　きである。しかしながら願う所は、やはり直接[彼らをその母
　　国に]差し帰して欲しいと[御隠居様は]思っておられる。それゆ
　　え、そのように心得ておいていただきたい。

1. 조선인들을 인슈우에서 직접 [모국에] 돌려보내 버리면 과연 어
　　떨까라고, 소송의 내용을 듣지 않고 돌려 보내서는 안 된다고 그
　　렇게 [장군은] 생각하실지도 모른다. [그럴 경우] 교우부 다이스
　　케 측에 직접 [그들을] 건네주시어, 소송의 취지를 듣고, 그 주선
　　을 하라는 지시가 있으면, 그래도 [양국 통용이라는] 역직에 있
　　는 [타이슈우의] 입장도 서서 좋은 일이다. 그래서 이 일을 잘 생
　　각해서 [장군에게] 말씀드려두어야 한다. 그러나 원하는 것은 역

시 [그들을 직접 그들의 모국으로] 돌려보내고 싶다고 [은거하신
분은] 생각하신다. 그래서 그렇게 알고 계셨으면 한다.

一　朝鮮通交之儀者古来より両国契約有之而銅印を差渡置此印契無
　　之船者彼国〔江〕請入〔レ〕不申候彼国より日本〔江〕通用之儀者此方御家〔ニ〕
　　申達候而通交仕り他国〔江〕直〔ニ〕通用仕間敷旨古来より

一　朝鮮通交の事は古来、両国には契約が有り、銅印を差し渡して
　　置いて、この印契の無い船は、彼の国では受け入れて貰えない
　　仕組みになっている。彼の国から日本への通用と言う場合、こ
　　ちら[対州]の御家中に申し伝え[こちらを介してのみ]通交を行
　　う事ができる。もとより他国へ直接、通交を行うようなことは
　　できない。そのような旨の、古くからの

1. 조선 통교의 일은 고래로 양국에는 계약이 있어, 동인을 건너 보
　　내놓고, 이 인계가 없는 배는 그 나라에서 받아주지 않는 조직
　　으로 되어 있다. 그 나라에서 일본과 하는 통용의 경우 이쪽 [타
　　이슈우]의 가신에게 말을 전하여 [이쪽을 중개로 할 때만] 통교
　　를 행할 수 있다. 원래부터 타국에 직접 통교를 하는 것과 같은
　　일은 할 수 없다. 그러한 취지의 옛날부터의

申合有之事ニ候依之他国^江参候而訴^江仕候儀先例無之儀ニ候御役儀之所
^江不相届差越候而直ニ訴仕候事今度　何方ニ而成共御取次被成御聞届被
遊候得ハ已来迄之定例ニも成可申候哉

申し合せが有る。この[申し合わせ]に依って、他国へ渡り訴えを行う
ようなことは、先例も無い事である。[本来の]御役儀の所へは届け出
ず、そこを差し越し[別の所へ]直接訴え出るような事は[あってはな
らない事である。]今度、　何方にあっても[その所で]御取次が成され
[その訴えを]御聞き届けなさるような事があれば、将来に亘る定例に
も成ってしまう事である。

합의가 있다. 이 [합의]에 따라 타국에 건너가 소송을 하는 것과 같은
일은 선례도 없는 일이다. [본래의] 역할을 하는 곳에는 제출하지 않
고 그곳을 제쳐두고 [다른 곳에] 직접 소송하는 것과 같은 일은 [있어
서는 안 되는 일이다.] 이번에 어느 곳이라 해도 [그곳에서] 알선하여
[그 소송을] 들어주는 것과 같은 일이 있으면 장래에도 정례가 되고
만다.

別而大切ニ被思召上候此節之儀者兎も角もニ而候得共已来之為ニ候故被
仰遣候間此段も吉左衛門迄物語可被仕候右之趣各御存之儀ニ候得共愈
為念如此ニ候

それゆえ[これは]格別に大切な事と、お考えになって頂かなければな
らない。今回の事は兎も角として、将来の為にも[そのような事を、今
ここで公儀へしっかりと]お伝えしておかなければならない。それゆ
え、この事を吉左衛門まで[しっかりと、心して]物語をして頂く必要
がある。右の趣旨を、各々方は、すでに御存知の事であるとは思っ
ているが、いよいよ念の為、このように申し伝えておくのである。

그래서 [이것은] 각별히 중요한 일이라고 생각하시지 않으면 안 된다.
이번 일은 어쨌든 장래를 위해서도 [그와 같은 일을 지금 여기서 장
군에게 분명하게] 전해두지 않으면 안 된다. 그래서 이 일을 요시에
몬에게 [단단히 마음먹고] 말할 필요가 있다. 위의 취지를 여러분 각
자는 이미 알고 있으리라고 생각하나 다시 한번 만일을 위해 이렇게
말해두는 것이다.

一、今度新語申上候処、以御
心得候て御理り申上候へ共
以御事と申上候而御も有之候
事ニ候へ共大切ニ存候て御座候
小事ニ候へ共申上候

一　今度訴詔申上候趣　公儀江御聞被成候様ニ御座候而者訴訟之品ニ
　　より　公儀より御返答被遊にくき儀も有之而事ニより大切ニ罷成
　　候首尾も可有御座哉与被思召上候

一　今度、訴訟として[朝鮮人が]申し上げる趣旨を、公儀が[御取り
　　上げになられ、その言い分を]御聞き届けに成られる様な事が
　　あれば、その訴訟の内容によっては、公儀から[お裁きの]御返
　　答がある。それによって[対州にとり]憎い事も起こり得ること
　　である。事によっては大切な事態にも[発展し、不測の事態が]
　　罷り起こる首尾にも成りかねない。そのように[御隠居様は
　　様々な場合を]お考えになっておられる。

1. 이번에 소송으로 해서 [조선인이] 말씀드리는 취지를 장군이 [수
　　용하셔서, 그것이 말하는 것을] 받아들이는 것과 같은 일이 있
　　으면, 그 소송의 내용에 따라서는 장군이 [판단하는] 반답이 있
　　을 것이다. 그것으로 [타이슈에게] 나쁜 일이 일어나는 일도 있
　　을 수 있다. 경우에 따라서는 엄청난 사태로 [발전하여 예측불
　　허의 사태가] 일어나는 상황이 될 수도 있다. 그렇게 [은거하신
　　분은 여러 경우를] 생각하시고 계신다.

一、今度御代官所内所々百姓之難
　儀ニ付、御代官之者壱人宛御遣ニ付
　役目人を差遣儀化遣候処、新ニ仕候間
　其段以御書付可被仰付候ニ付一存御代官之
　役目之者上ニ而吟味仕候得者以別紙
　相以候処、以御代官之者吟味を以　　
　委細御代官以役目之者以新ニ付
　其段以役目之者委細可申上候

一 今度被仰遣候内段々思召寄之次第有之候ニ付左ニ書付申候第一者
　　取次之役目人を差置他国ㇱ参訴詔仕候而者決而御取上不被成御
　　国法ニ而候故被差帰候与之御事ニ而因州より直ニ御帰シ被成是非
　　共ニ御役目を差置候而之訴詔者

一 今度[そちらへ]伝える事の中には、色々と[御隠居様が]お考えに
　　なっておられる事が有る。それを[心に留め置くよう]左に書き
　　付けておく。まずその第一は、取次ぎの役目人を差し置き、他
　　国へ行って訴訟をする事は、決して御取り上げに成られないと
　　いう御国法がある。それゆえ差し帰されるという事[が本筋]で
　　あり、因州から直ちに[朝鮮へ]帰って貰うという事に成る。ど
　　うあっても御役目[の職責にある所]を差し置いての訴訟は、

1. 이번에 [그쪽에] 전하는 것 중에는 여러 가지로 [은거하신 분이]
　 생각하고 계시는 것이 있다. 그것을 [마음에 담아두라고] 아래에
　 기록해둔다. 먼저 그 첫째는 주선하는 역직을 제쳐두고 타국에
　 가서 소송을 하는 일은 결코 취급할 수 없다는 국법이 있다. 그
　 래서 돌려보내는 것이 [원칙]으로, 인슈우에서 직접 [조선으로]
　 돌아가게 해야 한다는 것이다. 어쨌든 역할의 [직책을 맡은 곳
　 을] 제쳐두는 소송은

御聞不被遊御法ニ候旨急度被仰付被差帰候事以来迄之御為ニ冝敷御座
候第二ニ者其所より直ニ被差帰候事不罷成候ハ、朝鮮国漂船之定例之
通長崎御奉行所ニ被送遣候而彼所より此方ニ御渡被成法を破罷渡候故
訴詔之趣者

聞き入れては貰えぬという御国法である。そのような旨を、しっか
りと[彼ら朝鮮人に]申し伝え、差し帰されるようにする事が大切であ
る。それは今後の為にも冝しい事である。第二には、その[因州の]所
から直接[朝鮮へ]差し帰される事が罷り成らなければ、朝鮮国の漂船
の定例通り、長崎御奉行所へ回送し、その長崎からこちら対馬へ転
送[して貰うのがよい。]法を破って罷り渡ったゆえ、訴訟の趣旨は

받아들이지 않는다고 하는 것이 국법이다. 그와 같은 취지를 똑똑히
[그들 조선인에게] 전하여 돌아가도록 하는 것이 중요하다. 그것은 이
후를 위해서도 좋은 일이다. 제2는, 그 [인슈우라는] 곳에서 직접 [조
선으로] 돌려보내는 일이 되지 않으면, 조선국 표류선의 정례에 따라
나가사키 봉행소로 회송하여, 그 나가사키에서 이쪽 쓰시마로 전송[하
게 하는 것이 좋다.] 법을 어기고 건너왔기 때문에 소송의 취지는

善悪ニよら須御取上無之与被仰付被送帰候段第二ニ而候第三ニ者今度罷
渡之訴詔之意趣御聞届無之御帰し被成候事も難成候故様子御聞可被
成与之御事ニ候者　御隠居様御役之儀ニ候故長崎御奉行所より此方江御
渡被成此方ニ而以酊庵御同前ニ訴詔之趣御聞被成　公儀江被

善悪によらず[こちらでは]取り上げる事は無いと、そのように申し付
けて送り帰す事が、この第二[の手順]である。第三には、今度[わざ
わざ]渡り来て[こちらで]訴訟をするという趣旨について、それを聞
く事なく御帰しに成るのは、成り難いという事になれば、まずは様
子を御聞きに成る事であろう。その際には、御隠居様は[朝鮮通交の]
御役[の職責]にあるため、長崎御奉行所からこちらへ[彼の者どもを]
御渡し頂き、こちらで以酊庵の御面前で、その訴訟の趣旨を尋ね聞
く事に致したいと、そのように公儀へ

선악에 의하지 않고 [이쪽에서는] 취급하는 일이 없다고, 그렇게 명령
하여 돌려보내는 것이 이 제2[의 순서]이다. 제3으로는 지금 [일부러]
건너와서 [이쪽에서] 소송을 한다고 하는 취지에 대해서는, 그것을 듣
는 일 없이 돌려보내는 일은 하기 어렵다는 일이 되면 먼저 상황을
들으시는 일이 되겠지요. 그때는 은거하신 분은 [조선통교의] 역할의
[직책에 있기 때문에, 나가사키 봉행소에서 이쪽으로 [그자들을] 양도
하여, 이쪽에서 이안테이의 면전에서 그 소송의 취지를 심문하는 일
을 하고 싶다. 그렇게 장군에게

仰上候様被成度候長崎〻被送遣彼所〻而意趣御聞届被成候儀者異国船
之御法にて候朝鮮国も異国〻而者候得共根本由緒有之而対州一手より
日本通用仕事〻候得者異国ハ乍同事朝鮮之事ハ古来之次第格別之事〻
候故他〻御取次被仰付筈〻而無之与被思召上候兎角今度之訴詔

申し上げて貰いたい。長崎へ回送され、彼の所でその趣旨を御聞き
届けに成られるのは[確かに]異国船[に対する我が国の]御法である。
但し、朝鮮国も異国ではあるが、根本的に[特別な]由緒が有り、対州
の一手に任されている。[対州だけが朝鮮と]日本との通用を行うこと
になっている。それゆえ異国という点では同じ事であるが、朝鮮の
事は古くからのしきたりがあり[対州で執り行うのである。このしき
たりは]格別の事であり、他の所で[訴訟を含め]御取次するような事
が、ここで命じられる筈は無い。そのように[御隠居様は]お考えであ
る。兎も角も今度の訴訟の事は、

말씀드리고 싶다. 나가사키로 회송되어 그곳에서 그 취지를 듣게 되는
것은 [분명히] 이국선[에 대한 우리나라의] 법이다. 단 조선국도 이국
이기는 하지만 근본적으로 [특별한] 유서가 있어 타이슈우가 독점적
으로 맡고 있다. [타이슈우만이 조선과] 일본의 통용을 행하는 것으로
되어 있다. 그래서 이국이라고 하는 점에서는 같은 일이지만 조선의
일은 옛날부터의 관례가 있어 [타이슈우에서 집행하는 것이다. 이 관
례는] 각별한 것으로, 다른 곳에서 [소송을 포함하여] 중계하는 것과
같은 일이 여기서 명령될 리 없다. 그렇게 [은거하신 분은] 생각하신
다. 어쨌든 이번 소송의 일은

公儀^江直ニ御聞届不被遊候儀已来之御為ニ能御座候若御聞被成首尾ニ而
候ハ、他所より御取次被成候而者御役之詮曾而無之向後御役儀御勤難
被遊事ニ被思召上候書中委細ニ申度存重言も可有之候得者御了簡尤ニ候

公儀が直接御聞き届けなさらないようにするべきで、それが将来の
為にも宜しい事である。もし[公儀が]御聞きに成られるような首尾に
なれば、つまり他所から長崎へと御取次ぎに成られ[それを長崎で御
取り上げになられ]ては[対州が朝鮮へ向けて]御役を蒙っている甲斐
が無くなってしまう。そうなれば、向後この御役を勤めさせていた
だく事は困難になると、そのように[御隠居様は]お考えになってい
る。[この事は]書簡にしたため詳しく語って置きたいと思ったので
[こうして記す事にした。] 繰り返して語った事も有るであろうが御理
解をいただきたい。

장군이 직접 듣는 일이 없도록 해야 하는 일로, 그것이 장래를 위해
서도 좋은 일이다. 만일 [장군이] 들으시는 것과 같은 상황이 되면, 즉
타소에서 나가사키로 인계하는 일이 되어 [그것을 나가사키에서 취
급하게 되어]서는 [타이슈우가 조선에 관한] 역할을 맡고 있는 의미
가 없게 되고 만다. 그렇게 되면 향후의 역할을 맡아서 실행하는 일
이 곤란해진다고 그렇게 [은거하신 분은] 생각하고 계신다. [이 일은]
서간에 기록하여 자세히 설명해두고 싶다고 생각했기 때문에 [이렇
게 기록하는 것으로 했다.] 반복해서 이야기한 것도 있겠지만 이해하
여 주었으면 한다.

一 今度因州江罷渡候朝鮮人之儀付而　御隠居様思召寄委細被仰遣候
此趣得与　吉左衛門江口上ニ而可被申達候自然御口上書ニ而被差出
可然与被申儀も可有之哉尤従爰元御口上書之御案文可被差越候
得共其御地之御様子如何可有

一　今度、因州へ罷り渡った朝鮮人の事に付いて、御隠居様のお考
　　えを詳しく申し伝えた。この趣旨を、しっかりと吉左衛門へ、
　　口上で申し伝えて欲しい。もしや御口上書を差し出すのが良い
　　と、そのように仰せられる事もあろうかと思う。そうであれ
　　ば、当然こちら国元から、御口上書の御案文を差し上げたいと
　　思うが、そちら御当地での様子が[いったい]どの

1. 이번에 인슈에 건너온 조선인의 일에 대해, 은거하신 분의 생각
   을 자세히 전했다. 이 취지를 분명히 요시자에몬에게 구상으로
   전해주었으면 한다. 어쩌면 구상서를 제출하는 것이 좋다고, 그
   렇게 말씀하시는 일도 있을 것으로 생각한다. 그렇다면 당연히
   이쪽 쿠니모토(쓰시마)에서 구상서의 초안을 보내드리려고 생각
   하는데, 그쪽 당지의 상황은 [도대체] 어떠

御座候哉御斗難被成候弥御口上書゠而被差出筈゠御座候ハ丶吉左衛門゠
具゠被申談爰元より被仰遣候次第能被致得心候而案文吉左衛門江被得
差図宜敷様゠相認可被差出候御紙面御主意相違無之様゠可被相心得候

ようであるか[こちらからは]窺い知る事ができない。[だからこちら
から具体的な指示を出す事は難しい。] いよいよ御口上書を差し出す
という手筈に到ったならば、吉左衛門に具に[事情を]伝え、よく相談
して貰いたい。こちらから申し遣わした趣旨を吉左衛門が能く了解
した上で、案文について吉左衛門の差図を受けて貰いたい。そして
宜しい様にしたために、これを差し出すべきである。その御紙面の
御主意については[こうして縷々述べた事と]相違ない様に、相心得て
置いて頂きたい。

한 것인지 [이쪽에서는] 알 수가 없다. [그래서 이쪽에서 구체적인 지
시를 하는 것은 어렵다.] 결국 구상서를 제출한다고 하는 경우가 된
다면, 요시자에몬에게 구체적으로 [사정을] 전하고 잘 상담했으면 한
다. 이쪽에서 말해 보낸 취지를 요시자에몬이 잘 양해한 후에, 초안에
대해 요시자에몬의 지시를 받았으면 한다. 그리고 잘 기록하여 이것
을 제출해야 한다. 그 지면의 주된 의미에 대해서는 [이렇게 누누히
이야기한 것과] 다르지 않게 이해하여 두었으면 한다.

一、譯官■■渡■■■■■■■■■渡■

一 訳官早々罷渡候筈ニ被仰遣候得共彼国之事候故延々ニ罷成漸来ル八
　月ニ渡海之筈ニ御座候今度訴詔之品ニより兼而被仰付置候趣与被仰
　渡候様子違申儀も可有御座候哉与被思召上候間訳官渡海仕候而
　も此御返答到来迄者先被仰渡候儀可被差扣候間左様ニ被相心得
　否之儀相知次第早々可被申越候

一 訳官が早々に[対州へ]渡り来る筈と、そのように申し伝えていた。
　だが彼の国の事であるので、延々に成ってしまい、漸く来たる八
　月に渡海という手筈になった。今度の訴訟の事情によっては、兼
　ねてから話して置いた[予定の]趣旨と[今回]申し渡す様子とが、相
　違う事になるかもしれない。そのような事を[御隠居様は]お考え
　になっておられる。それゆえ訳官が渡海して来ても、この[公
　儀が訴訟を御聞き届けになるかどうか、その]御返答の到来ま
　では、先ず[訳官への]申し渡しの事は差し控えられる御積りで
　ある。それゆえ、そのように心得て置いて頂きたい。[公儀が
　お聞き届けなさるかどうか]その否という事について、分かり
　次第、早々に[この国元に]お知らせをいただきたい。

1. 역관이 서둘러 [타이슈우에] 건너올 것이라고 그렇게 전하였다.
　그러나 그 나라의 일이기 때문에 늦어지고 말아, 오는 8월에 도
　해하는 것으로 되었다. 이번 소송의 사정에 따라서는 전부터 말
　해두었을 [예정의] 취지와 [이번에] 말하여 전할 내용이 상위하
　게 될지도 모른다. 그 같은 일을 [은거하신 분은] 생각하시고 계
　신다. 그래서 역관이 건너온다 해도, 이 [장군이 소송을 듣게 되

실지 어쩔지, 그] 반답이 도래할 때까지는, 우선 [역관에게] 말을
건네는 일은 삼가하실 생각이다. 그러므로 그렇게 알고 계셨으
면 한다. [장군이 들으실지 어떨지] 그 가부에 대해 아는 대로 서
둘러 [이 쿠니모토에] 알려주었으면 한다.

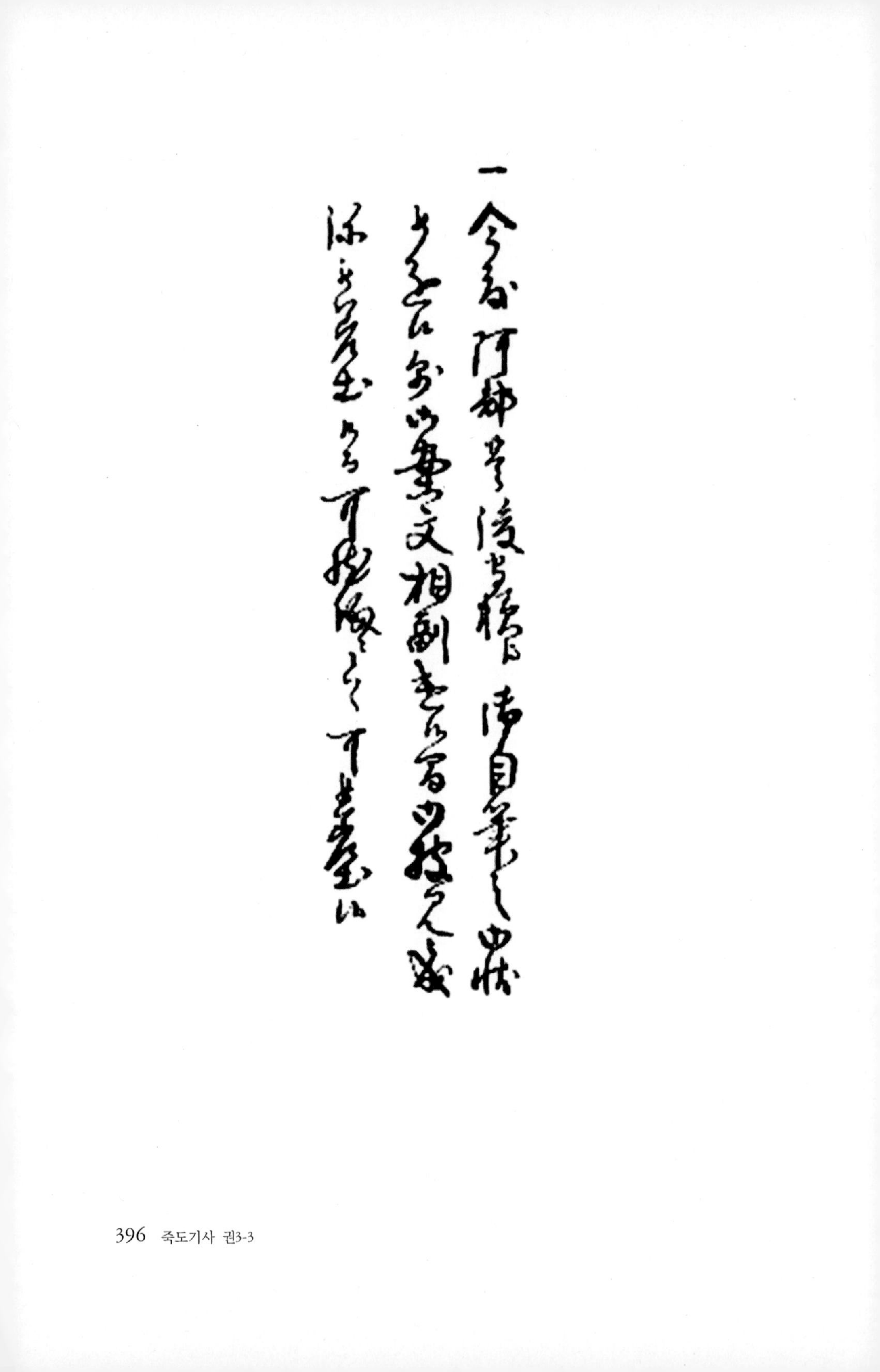

一 今度阿部豊後守様江御自筆之御状被進候則御案文相副遣候間御披
　　見被成弥被差出候而可然儀ニ候ハ、可被差出候

一 今度[御隠居様は]阿部豊後守様へ、御自筆の御書状を、お遣わし
　　になった。則ち御案文を副えて、お遣わしになった。それゆえ
　　[豊後守様は、その御書状を]御披見に成られる。[それによって]
　　いよいよ、これは差し出されるべくして差し出された[是非必要
　　な]書状であったと[そのように]お思いになる事であろう。

1. 이번에 [은거하신 분은] 아베 분고노카미 사마에 자필의 서장을
　　보내셨다. 즉 초안을 첨부하여 보내셨다. 그렇기 때문에 [분고노
　　카미 사마는 그 서장을] 피견하신다. [그것에 의해] 결국 이것은
　　제출되어야 하는 것이 제출된 [꼭 필요한] 서장이었다고 [그 같
　　이] 생각하실 것이다.

七月八日

杉村三郎左衛門
飛島十二郎之系
平田□左衛門
多田無右衛門
□口孫右衛門
杉林　采女

平田算人居
大浦太左衛門

七月八日　　　　　　　杉村三郎左衛門

　　　　　　　　　　　田嶋十郎兵衛

　　　　　　　　　　　平田直右衛門

　　　　　　　　　　　多田与左衛門

　　　　　　　　　　　樋口孫左衛門

　　　　　　　　　　　杉村采女

平田隼人殿
大浦忠左衛門殿

七月八日　　　　　　　杉村三郎左衛門

　　　　　　　　　　　田嶋十郎兵衛

　　　　　　　　　　　平田直右衛門

　　　　　　　　　　　戸田与左衛門

　　　　　　　　　　　樋口孫左衛門

　　　　　　　　　　　杉村采女

平田隼人殿
大浦忠左衛門殿

7월 8일　　　　　　　스기무라 사부로우 자에몬

　　　　　　　　　　타지마 쥬우로우베에

　　　　　　　　　　히라타 나오에몬

　　　　　　　　　　토다 요자에몬

　　　　　　　　　　히구치 마고자에몬

　　　　　　　　　　스기무라 우네메

히라타 하야토 토노
오오우라 츄우자에몬 토노

색인

소송　193, 200, 207, 212, 231, 237,
　　285, 301, 315, 369
소원　35, 258
손바닥　87, 104
송견　319
수정　76, 170, 189
스님　209
승리　43

(ㅇ)

아오야　270
아카사키　270
안비챤　233
안히챠쿠　212, 215, 333
어전　147
언어　193, 235
에도　106, 122, 283
여름　150
역관　87, 104, 111, 113, 126, 150,
　　162, 394
역할　342
연판　37
열좌　31, 136
영역　99
예조참판　187
우호　68
원래　51, 106, 122, 126
원서　58
월번　295
위광　43
위로　189
윗분　79, 141, 283
유래　35
유포　165
윤번　367
융화책　183
이국　68
이국선　217
이안테이　384
이치　51

입장　369

(ㅈ)

장군　124, 165
장래　356
전례　204, 354
전송　382
접수　215
정례　374, 382
제출　120
조선인　266, 281, 288, 304, 390
졸자　175
주선　337
죽도　83, 99, 333
중개　342
증거　60, 101
지시　165
직소　359

(ㅊ)

처리방법　357
청서　76
초안　397

(ㅌ)

타소　346, 388
통교　372
통사　193, 220, 224, 272, 293
통신사　132

(ㅍ)

파견　202, 224, 250, 276, 278, 315
판단　124, 128, 177
포박　217
표류인　196
풍문　285
피견　397
필담　215

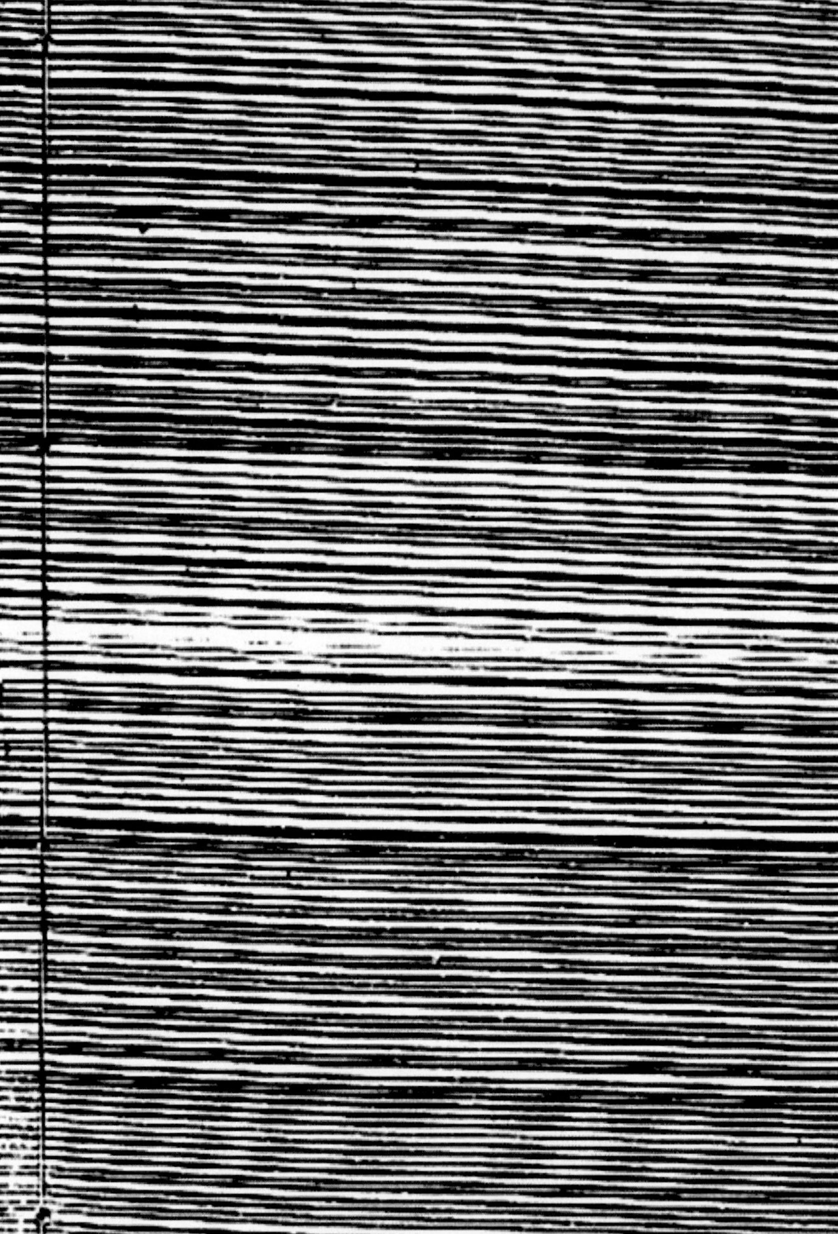

권오엽

忠南大學校 人文大學 명예교수
1945년 全北 井邑 출생

群山高等學校, 서울敎育大學, 國際大學, 北海道大學,
東京大學 學術博士(「廣開土王碑文과 東아시아의 天下思想」)

일본의 가요, 한일건국신화, 광개토왕비문에 관한 논문 다수

『日本漫想』, 『廣開土王碑文의 世界』, 『隱州視聽合紀』, 『元綠覺書』, 『독도와 안용복』, 『控帳』, 『古事記』(上·中·下), 『好太王碑論爭의 解明』, 『廣開土王碑文의 硏究』, 『獨島』, 『獨島와 竹島』, 『古事記와 日本書紀』, 『日本의 獨島論理』, 『일본은 독도를 이렇게 말한다』, 『岡嶋正義古文書』, 『竹島渡海由來記拔書控』(상·하), 『죽도 및 울릉도』, 『竹島紀事』(1-1, 1-3), 『竹島紀事』(2-1, 2-3)

메일: dongsana@hanmail.net

오오니시 토시테루

1946年 島根縣隱岐郡西鄕町(現 隱岐의 島町) 生
島根縣立隱岐高等學校, 大阪大學醫學部, 腦神經外科專門醫, 醫學博士
大阪國學院 通信敎育部 卒業, 神職資格(權正階),
大阪市立大學大學院大學 都市情報部 卒業
現) (醫) 厚生醫學會理事長
   (社福) 厚生博愛會理事長
   隱岐國 原田向山 大山神社 宮司

『레이져 醫學의 臨床』, 『Illustrated Laser Surgery』, 『山陰沖의 古代史』, 『山陰沖의 幕末維新動亂』, 『人肉食의 精神史』, 『柿本入麻呂와 아들 躬都郎』, 『隱岐는 繪島, 歌島』, 『日本海와 竹島』, 『心의 誕生』, 『水若祚神社』, 『續日本海와 竹島』, 『隱州視聽合紀』, 『元祿覺書』, 『竹島文談』, 『竹島渡海由來記拔書控』, 『竹島紀事』(1-1, 1-2, 1-3), 『竹島紀事』(2-1, 2-2, 2-3)

竹島紀事

죽도기사 3-3

초판인쇄 | 2012년 7월 25일
초판발행 | 2012년 7월 25일

편 역 주 | 권오엽 · 오오니시 토시테루
펴 낸 이 | 채종준
펴 낸 곳 | 한국학술정보㈜
주　　소 | 경기도 파주시 문발동 파주출판문화정보산업단지 513-5
전　　화 | 031) 908-3181(대표)
팩　　스 | 031) 908-3189
홈페이지 | http://ebook.kstudy.com
E-mail | 출판사업부　publish@kstudy.com
등　　록 | 제일산-115호(2000. 6. 19)

ISBN　　978-89-268-3438-1 94380 (Paper Book)
　　　　　978-89-268-3439-8 95380 (e-Book)
　　　　　978-89-268-2138-1 94380 (Paper Book Set)
　　　　　978-89-268-2139-8 95380 (e-Book Set)

내일을여는지식 은 시대와 시대의 지식을 이어 갑니다.